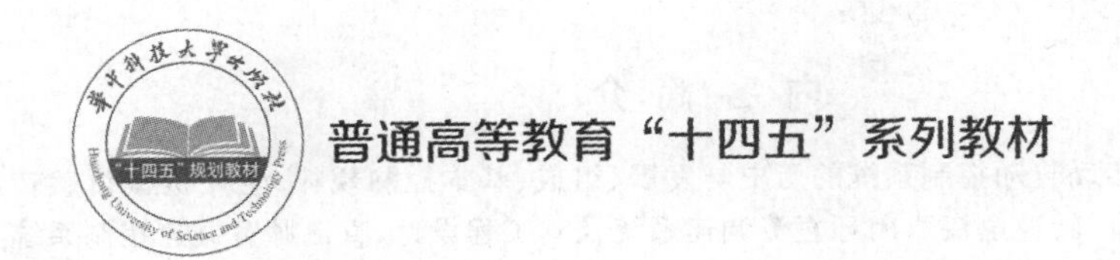

电力传动自动控制系统

DIANLI CHUANDONG ZIDONG KONGZHI XITONG

主　编　蔡晓燕

副主编　陈　媛　陈　玲　胡　娜　余秋月

華中科技大學出版社

http://www.hustp.com

中国·武汉

内容简介

本书主要叙述了电力传动自动控制系统的历史与发展、组成、基本控制规律、生产机械负载转矩特性，分析了单闭环直流调速系统、转速电流双闭环直流调速系统及其工程设计、直流脉宽调速控制系统、交流调压调速和串级调速、异步电动机的变频调速系统、异步电动机矢量控制与直接转矩控制系统，最后介绍了自动控制系统的应用实例。本书安排有例题与习题，供读者学习和复习使用。

本书可作为普通高等学校应用技术型电气工程及其自动化、自动化、机电一体化等专业相关课程的教材或教学参考书，也可供相关工程技术人员参考。

鉴于本书的编写特点，本书除适合全日制学生使用外，还适合各类成人高校和函授学生使用。

图书在版编目(CIP)数据

电力传动自动控制系统/蔡晓燕主编. —武汉：华中科技大学出版社，2021.6
ISBN 978-7-5680-7270-0

Ⅰ.①电… Ⅱ.①蔡… Ⅲ.①电力传动-自动控制系统 Ⅳ.①TM921.5

中国版本图书馆 CIP 数据核字(2021)第 119360 号

电力传动自动控制系统
Dianli Chuandong Zidong Kongzhi Xitong

蔡晓燕 主编

策划编辑：康 序
责任编辑：段亚萍
责任监印：朱 玢
出版发行：华中科技大学出版社(中国·武汉) 电话：(027)81321913
武汉市东湖新技术开发区华工科技园 邮编：430223
录 排：武汉三月禾文化传播有限公司
印 刷：武汉科源印刷设计有限公司
开 本：787mm×1092mm 1/16
印 张：9
字 数：227 千字
版 次：2021 年 6 月第 1 版第 1 次印刷
定 价：38.00 元

华中出版

本书若有印装质量问题，请向出版社营销中心调换
全国免费服务热线：400-6679-118 竭诚为您服务

随着我国高等教育规模的不断扩大，高等教育已由精英教育逐步向大众教育方向转变。教育对象发生了较大的变化，应用型人才的培养已经成为一批院校的培养目标。为了更好地适应当前我国高等教育跨越式发展的需要，满足社会对高校应用型人才培养的需求，全面提高应用型人才培养的质量，编写适应应用型人才培养的专业教材是很有必要的，具有积极的意义和实用价值。

“电力传动自动控制系统”是自动化类专业领域各个专业方向的一门重要的专业课程。为适应应用型人才培养需要，专业理论课程的学时数大幅精简，课程内容与学时之间的矛盾更显突出，这就要求课程使用的教材在篇幅上做必要精简，内容上做合理调整。目前适用于应用型人才培养的本门课程的教材较少，大部分国家级教材面向普通高等院校，这类教材对于培养应用型人才的院校来说，起点较高、难度较大、内容较多，难以适应教学需要。

本书正是出于上述考虑而编写的一本新的“电力传动自动控制系统”教材。根据应用型人才培养目标和教学要求，基本理论应基本到位，重点突出技术的分析和实际应用。本书在编写的过程中，对相关内容做了删减与调整：遵循“少而精”的原则，适当删减部分理论性强又较为抽象的内容，增强教学内容的针对性和实用性；结合“重实践”的要求，在基础部分重点突出直流控制系统和交流控制系统的特点、负载的特点以及控制功能，在实际应用部分，通过实例加强基本原理及应用的分析。

本书由陈三宝教授主审，武汉城市学院蔡晓燕担任主编，武汉城市学院陈媛、武汉晴川学院陈玲、武汉城市学院胡娜、武汉城市学院余秋月担任副主编。武汉理工大学、武汉科技大学电气工程及其自动化专业的相关教师对本书的编写提出了富有建设性的建议，在此表示衷心的感谢！本书编写过程中参考了国内相关出版社的教材和部分专家的论著，在此谨向相关的作者致以衷心的感谢。

为了方便教学，本书还配有电子课件等教学资源包，可以登录“我们爱读书”网（www.ibook4us.com）浏览，任课教师还可以发邮件至 hustpeiit@163.com 索取。

由于编者水平有限，编写时间仓促，书中难免存在错误和疏漏之处，恳请广大读者批评指正。

编　者

2021 年 6 月

目录

CONTENTS

第1章 绪 论

自动控制系统通常分为传动控制系统和过程控制系统两大类，传动控制系统即电力传动自动控制系统，又分为速度控制系统和位置控制系统。现代电力传动自动控制系统已经广泛应用于机械制造、金属冶炼、交通运输、石油化工、航空航天、物流配送、节能环保、生物工程、日用化工、医疗卫生、家用电器以及国防科技等方方面面，传动控制系统作为自动控制系统的一个主要子系统，对加速国民经济发展、提升现代制造业水平、改善人类生活质量都十分重要。本教材以速度控制系统的结构特点为主线，根据系统的功能，全面系统地介绍了电力传动自动控制系统的组成、基本原理，分析各种系统的特点和应用要求，给出了设计的思路和方法。

1.1 电力传动自动控制系统的历史与发展

电力传动自动控制是指在没有人直接参与的情况下，利用控制装置对各种电动机的转速大小和转角位置进行自动调节与控制，使之按照预定的方案达到要求的指标。电力传动自动控制系统是以电动机的转矩和转速为控制对象，按生产机械的工艺要求进行电动机转速（或位置）控制的自动化系统。根据完成电能—机械能转换过程中所采用的执行部件不同，工程上通常把电力传动分为直流传动和交流传动。

直流传动采用直流电动机作为原动机的传动方式，由于直流调速系统具有良好的启制动、正反转及调速特性，目前在电力传动领域仍然占有重要地位。虽然近年来交流传动技术发展迅速，但是就其闭环控制的基本理论来说，直流传动调速与控制的原理和实现方法都是交流传动的基础。从根本上来分析，直流电动机的电枢和磁场能独立进行激励，而且转速和输出转矩的描述是对可控电压（或电流）激励的线性函数，因此容易实现各种直流电动机的调速控制，也容易实现对控制目标的最佳化。这就是直流传动长期主导调速领域的原因。

1957年，美国GE公司开发了世界上第一个晶闸管，人类从此进入电力电子技术迅速发展和电力电子器件广泛应用时期。晶闸管供电的直流调速系统具有良好的技术经济指标，目前国内大容量的调速系统还是沿用晶闸管-电动机传动结构，即V-M系统。由于晶闸管存在着控制的非线性和较低的功率因数等缺点，难以实现高精度、宽范围的速度控制。从20世纪70年代后期开始，电力电子器件进入了全控器件发展时期，可关断晶闸管(GTO)、大功率晶体管(GTR)、功率场效应晶体管(P-MOSFET)、绝缘栅双极型晶体管(IGBT)等全控器件相继问世，不仅可靠实现了器件的开关控制，取消了原来普通晶闸管系统必需的换相电路，简化了电路结构，而且提高了电路的效率，提高了器件开关的频率，降低了器件工作的噪声，使电力电子器件性能得到本质的提升，同时也减小了电力电子装置的体积和质量。随着控制技术的发展，斩波器或脉冲宽度调制型(PWM)变换器也逐步取代功率因数较差的相控变流器，明显提高了电动机的调速精度，扩大了调速范围，改善了快速性、效率和功率因数。PWM电源最终将取代晶闸管相控式可控功率电源，成为可控直流电源的主流。

直流电动机存在机械换相问题，限制了最大供电电压，机械强度也限制了转速的提高，自身结构导致其不适合在腐蚀性、易爆性和含尘气体场合工作。因此，交流电动机一直受到人们的重视，它体积小、质量轻，没有换相结构，制造简单，结构牢固，转动惯量小，工作可靠，易于维修。长期以来，因没有理想的调速方案，只被应用在恒速传动领域。电力电子技术的发展，晶闸管尤其是全控器件的出现，使得交流传动的发展出现一个飞跃，使得采用电力电子技术的交流调速得以实现。早期由于交流电动机的控制比较复杂，调速性能较差，装置价格高、效率低，其应用范围受到限制。随着电力电子技术、微型计算机控制技术及自动控制技术的发展，异步电动机变频调速、绕线型异步电动机串级调速、无换向器电动机调速已广泛应用，PWM 技术、矢量控制技术、直接转矩控制技术都有重大突破与发展。目前采用大功率器件和大规模集成电路的交流电动机调速系统已经具备了较宽的调速范围、较高的稳态精度、较快的动态响应、较高的工作效率以及实现四象限运行的良好性能，其静、动态特性均可以与直流电动机调速系统媲美。客观地说，交流传动已经逐步取代直流传动，已经成为电力传动明显的发展趋势。值得重视的是，交流电动机调速的节能技术得到很大发展，约占工业电力传动用电总量一半的通用机械（风机、泵类负载）都采用交流电动机调速实现风量或流量的控制，有效减少了电能的消耗。

同步电动机是一种转速与电压频率严格保持一致的电动机，其机械特性硬。

电励磁同步电动机还有一个显著的优点，就是可以通过控制励磁来调节它的功率因数，使功率因数达到 1，甚至可产生超前的功率因数角。当然同步电动机也存在不足，同步电动机在电网直接供电时，存在启动困难和产生失步的问题。电力电子变频技术的发展，圆满解决了阻碍同步电动机发展的两大问题，永磁式同步电动机、直流无刷电动机等新型同步电动机的问世，使得同步电动机的传动控制得到快速发展。

随着微电子技术的发展，数字化电力传动系统也得到迅速发展。为实现机电装置的小型化、高性能化和低成本，20 世纪 80 年代初开始，世界各国电子厂商开发了各种功率集成电路，成功地在多个领域得到应用。功率集成电路是电力电子技术与微电子集成技术结合，用以控制电动机运行的电子控制驱动系统，包括前级的微功率控制单元和后级的功率驱动单元。前级控制单元容易实现集成化，通常采用模拟-数字混合电路；后级驱动单元也逐步实现集成化了，称为功率集成电路。它是将若干个高电压、大电流、大功率的电力电子开关器件集成在同一个芯片上，有些产品同时将控制电路、检测电路、诊断电路、保护电路也集成在同一芯片上或一个混合模块里，从而使功率器件注入了智能，故又称为智能功率集成电路。目前有相当一部分产品采用更大规模的功率集成电路，它把微功率控制单元和功率驱动单元都集成在一起，用一个集成电路模块就可以控制一台甚至多台电动机。从分立单元电路到专用集成电路的发展，使得电动机的传动控制更为方便，同时使得控制器体积减小、性能提高、调节简便、成本下降，而且大大提高了传动控制系统的可靠性和抗扰性。

1.2 电力传动自动控制系统的组成

电力传动自动控制系统（以下简称传动控制系统）是由控制器、功率放大与变换装置、电动机与负载、信号检测与处理单元等组成，其基本结构如图 1-1 所示。下面分别介绍传动控制系统各个部分的功能、特点与作用。

1.2.1 控制器

控制器分为模拟控制器和数字控制器两大类。由于两类控制器都有各自的特点，在相当长时期内都有应用，也有模数混合的控制器，现在采用全数字控制器的系统越来越多了。

模拟控制器一般由运算放大器和相关的电气元件组合而成，它的主要优点是具有的物理概念清晰、控制信号的流向直观。其控制规律取决于硬件电路和所用的器件，因而电路相当复杂，通用性差，控制效果也受到器件自身性能及环境条件等因素的影响。

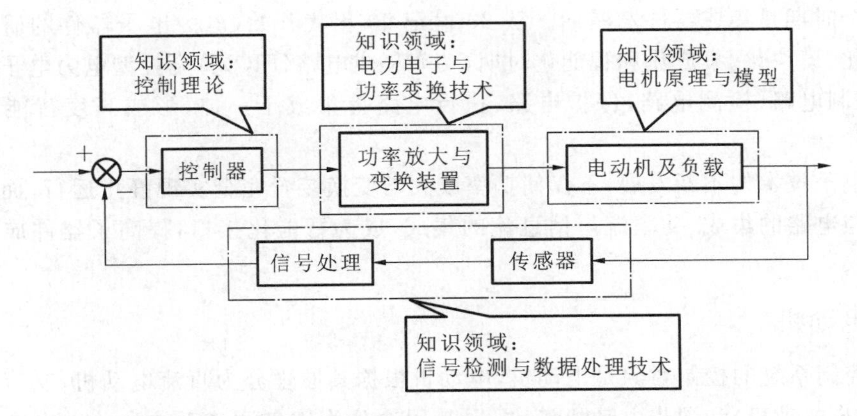

图 1-1 电力传动自动控制系统的组成

数字控制器通常由微处理器为核心的硬件电路构成，它的主要优点是制作成本低，器件受环境温度的影响非常小，标准化程度高，用软件实现的控制算法修改灵活方便。采用数字控制器容易实现信息的存储与处理、数据的通信与交换以及系统故障的诊断与定位等功能。

应当注意的是，模拟控制和数字控制的运行方式是不同的。模拟控制器的所有运算是在同一时刻进行的，属于并行运行方式，控制器的滞后时间很小，往往忽略不计；而数字控制器中的一般微处理器在任何时刻只能执行一条指令，属于串行运行方式，其滞后时间比模拟控制器大得多。这也是两类控制器的主要区别，在设计系统时应充分考虑。

1.2.2 功率放大与变换装置

功率放大与变换装置有旋转类和静止类两种。最早出现的可控功率放大与变换装置是旋转变流机组，它由交流电动机带动直流发电机来实现变流。再由直流发电机给需要调速的直流电动机供电，显然这是一种旋转类功率放大与变换装置。20 世纪 50 年代开始用水银整流器和闸流管这种静止变流装置取代了旋转变流机组，因为没有旋转结构，其性能得到了一定的改善，但是这些装置的制造与维修都比较麻烦，应用时间不长。

电力电子技术的发展经历了以下三个时期：

第一个时期是从 20 世纪 50 年代起到 20 世纪 70 年代初，以功率二极管和晶闸管为代表的第一代电力电子器件，以其体积小、功耗低等优势，在大功率整流电路中全面取代 M-G 旋转机组和水银整流器，并奠定了电力电子技术的基础。功率二极管最早出现在 20 世纪 40 年代，也称为硅整流管，是电力电子器件中结构最简单、使用最广泛的一种器件。1957 年，美国 GE 公司开发了世界上第一个晶闸管，人类从此进入电力电子技术迅速发展和电力电子器件广泛应用时期。1980 年后，传统的电力电子器件已由普通晶闸管衍生出了快速晶闸管、逆导晶闸管、双向晶闸管、光控晶闸管等，形成了一个“晶闸管器件大家族”。同时，各类器件的主要技术参数有很大提高，开关性能也有很大改善。由电力电子器件构成的各种电能变换装置由于体积小、质量轻、噪声低、效率高、响应快、无磨损、易控制等优点，在工业生产中得到广泛的应用。

第二个时期是全控器件发展期。从 20 世纪 70 年代后期开始，电力电子器件进入了全控器件发展期，可关断晶闸管（GTO）、大功率晶体管（GTR）、功率场效应晶体管（P-MOSFET）、绝缘栅双极型晶体管（IGBT）等全控器件相继问世，不仅可靠实现了器件的开关控制，而且大大提高了器件开关的频率，使电力电子器件性能得到本质的提升。

第三个时期是集成器件发展期。从20世纪90年代开始,电力电子器件的研究和开发进入高频化、模块化、集成化和智能化时期,功率集成电路(PIC)将全控型电力电子器件与驱动电路、控制电路、检测电路、保护电路、执行电路等集成于一体,形成高度智能化的集成电路。

电力电子技术的不断发展,不仅使功率放大与变换装置完全实现静止运行,而且电路体现了器件与电路的集成、功率流与信息流的集成,成为智能化接口,提高了器件应用的灵活性、可靠性。

1.2.3 电动机

传动控制系统的控制对象是电动机,电动机根据其原理分为直流电动机、交流感应电动机(又称异步电动机)和同步电动机等,根据其用途分为用于调速系统的传动电动机和用于伺服系统的伺服电动机。

各种电动机有不同特点与性能,直流电动机结构复杂、制造成本高,换向装置限制了它的转速和容量。但是它的数学模型简单、转矩容易控制,其换向器与电刷的位置保证了电枢电流与励磁电流解耦。晶闸管整流器的应用,使得直流传动技术得到飞速发展,而且在直流传动控制系统中,对调节器也有一套成熟的工程设计方法。

交流电动机,尤其是笼型感应电动机,结构简单、制造容易、无需机械换向器,因此它允许的转速和容量都高于直流电动机。但是它的动态数学模型具有非线性、多变量、强耦合的性质,比直流电动机复杂得多。早期的交流调速系统控制方法是基于交流电动机稳态数学模型的,其动态性能无法与直流调速系统相比。20世纪70年代以后,基于交流电动机动态数学模型的矢量控制和直接转矩控制先后问世,使得交流调速系统性能真正与直流调速系统媲美。同步电动机的转速等于同步转速,因此其机械特性硬,但是恒频电源供电时调速比较困难,变频器的诞生不仅解决了同步电动机的调速问题,而且解决了其启动困难和失步问题,有效地提高了同步电动机在传动控制中的作用。电励磁同步电动机还有一个特点,就是可以通过控制励磁来调节它的功率因数,使功率因数达到1.0,甚至产生超前的功率因数角。而永磁式同步电动机和直流无刷同步电动机的问世,使得同步电动机在传动控制系统中的应用得到飞速发展。

1.2.4 信号检测与处理单元

在传动控制系统中,常需要对电压、电流、转速及位置等信号进行采集、处理和传送,为了获得准确、实时、可靠的信号,并且实现功率电路的强电信号和控制电路的弱电信号之间的电气隔离,必须采用相应的传感器。

通常电压、电流传感器的输出信号为连续的模拟量,而转速及位置传感器的输出信号取决于采用的传感器类型,可以是连续的模拟量,也可以是离散的数字量。

由反馈控制理论可知,闭环系统对反馈通道上的扰动无抑制能力,所以选择的传感器必须具有足够的精度,才能保证控制系统的性能指标。

对采集信号的转换和处理包括信号幅值匹配、极性转换、脉冲整形等,对于采用微处理器的数字控制系统而言,必须将传感器输出的模拟信号或数字信号变换成可用于微处理器的数字量。

数据的处理还要一项重要任务是信号滤波,就是要从带有随机扰动的信号中筛选出反映被测量的真实信号,去掉随机扰动信号,以满足控制系统的要求。模拟控制系统常采用模拟器件构成的滤波电路，采用微处理器的数字控制系统往往采用模拟滤波电路和软件数字滤波相结合的方法。

1.3 传动控制系统的基本控制规律

电力传动自动控制系统的基本控制规律可以用转矩平衡方程式和功率平衡方程式来反映，下面分别进行简要分析。

1.3.1 转矩平衡方程式

1. 直流电动机转矩平衡方程式

直流电动机在稳态运行时，作用在电动机轴上的转矩有三个：一是电磁转矩 $\boldsymbol{T}_{\mathrm{m}}$，方向与转速 n 相同，为拖动转矩；二是轴上所带生产机械的负载转矩 $\boldsymbol{T}_{\mathrm{L}}$，即电动机轴上的输出转矩，方向与转速 n 相反，为制动性质的转矩；三是电动机的机械摩擦以及铁损耗引起的空载转矩 $\boldsymbol{T}_0$，也为制动性质的转矩。稳态运行时的转矩平衡方程式为

$$T_{\mathrm{m}} = T_{\mathrm{L}} + T_0 \tag{1-1}$$

2. 交流电动机转矩平衡方程式

由动力学可知，旋转体的机械功率等于转矩乘以机械角速度。式(1-1)可写成

$$T_2\Omega = T_{\mathrm{em}}\Omega - T_0\Omega \tag{1-2}$$

式中：Ω 为转子旋转的机械角速度，$\Omega=\frac{2\pi n}{60}(\mathrm{rad/s})$；$T_{\mathrm{em}}$ 为电磁转矩；T_2 为负载转矩；T_0 为空载转矩。

将上式两边同时除以 Ω，并移项后得到转矩平衡方程式

$$T_{\mathrm{em}} = T_2 + T_0 \tag{1-3}$$

上式说明，当异步电动机稳定运行时，驱动性质的电磁转矩 $\boldsymbol{T}_{\mathrm{em}}$ 与制动性质的负载转矩 $\boldsymbol{T}_2$ 及空载转矩 $\boldsymbol{T}_0$ 相平衡。

1.3.2 功率平衡方程式

1. 直流电动机功率平衡方程式

并励直流电动机电流平衡方程式为

$$I = I_{\mathrm{a}} + I_{\mathrm{f}} \tag{1-4}$$

式中：I 为电动机电枢回路总电流；I_{a} 为电动机电枢电流；I_{f} 为电动机励磁电流。

电动机输入功率为

$$\begin{aligned} P_1 &= UI \\ &= U(I_{\mathrm{a}} + I_{\mathrm{f}}) \\ &= (E_{\mathrm{a}} + R_{\mathrm{a}}I_{\mathrm{a}})I_{\mathrm{a}} + UI_{\mathrm{f}} \\ &= E_{\mathrm{a}}I_{\mathrm{a}} + R_{\mathrm{a}}I_{\mathrm{a}}^2 + R_{\mathrm{f}}I_{\mathrm{f}}^2 \\ &= P_{\mathrm{em}} + P_{\mathrm{Cua}} + P_{\mathrm{Cuf}} \end{aligned} \tag{1-5}$$

式中：$P_{\mathrm{em}}=E_{\mathrm{a}}I_{\mathrm{a}}$ 为电磁功率；$P_{\mathrm{Cua}}=R_{\mathrm{a}}I_{\mathrm{a}}^2$ 为电枢回路铜损耗；$P_{\mathrm{Cuf}}=UI_{\mathrm{f}}=R_{\mathrm{f}}I_{\mathrm{f}}^2$ 为励磁回路铜损耗，其中 R_{f} 为励磁回路电阻。

电磁功率

$$P_{\mathrm{em}} = E_{\mathrm{a}}I_{\mathrm{a}} = \frac{pN}{60a}\Phi nI_{\mathrm{a}} = \frac{pN}{2\pi a}\Phi I_{\mathrm{a}}\frac{2\pi n}{60} = T_{\mathrm{em}}\Omega \tag{1-6}$$

式中：$\Omega=\frac{2\pi n}{60}$为电动机的机械角速度，单位是 rad/s。

从 $P_{em}=E_a I_a$ 可知，电磁功率具有电功率性质；从 $P_{em}=T_{em}\Omega$ 可知，电磁功率又具有机械功率性质。

将式(1-3)两边同时乘以机械角速度 Ω，得

$$T_{em}\Omega = T_2\Omega + T_0\Omega$$

即

$$P_{em} = P_2 + P_0 = P_2 + P_{mec} + P_{Fe} \tag{1-7}$$

式中：$P_2=T_2\Omega$ 为轴上输出的机械功率；$P_0=T_0\Omega$ 为空载损耗，包括机械损耗 P_{mec} 和铁损耗 P_{Fe}。

由式(1-5)和式(1-7)可以得到并励直流电动机的功率平衡方程式为

$$P_1 = P_2 + P_{Cuf} + P_{Cua} + P_{mec} + P_{Fe} = P_2 + \sum P \tag{1-8}$$

式中：$\sum P = P_{Cua} + P_{Cuf} + P_{mec} + P_{Fe}$为并励直流电动机的总损耗。

2. 交流电动机功率平衡方程式

异步电动机运行时，定子从电网吸收的电功率转换为转子轴上输出的机械功率。电动机在实现机电能量转换的过程中，必然会产生各种损耗。根据能量守恒定律，输出功率应等于输入功率减去总损耗。

1）输入功率 P_1

由电网供给电动机的功率称为输入功率，其计算公式为

$$P_1 = m_1 U_1 I_1 \cos\varphi_1 \tag{1-9}$$

式中：m_1 为定子绕组相数；U_1 为定子相电压；I_1 为定子相电流；$\cos\varphi_1$ 为定子的功率因数。

2）定子铜损耗 P_{Cu1}

定子电流 I_1 流过定子绕组时，在定子绕组电阻 R_1 上产生的功率损耗为定子铜损耗，即

$$P_{Cu1} = m_1 R_1 I_1^2 \tag{1-10}$$

3）铁芯损耗 P_{Fe}

旋转磁场在定、转子铁芯中还将产生铁损耗。由于异步电动机在正常运行时，转子频率很低，通常只有 1～3 Hz，因此转子铁芯损耗很小，可忽略不计，所以 P_{Fe} 实际上只是定子铁芯损耗，其值可看作励磁电流 I_0 在励磁电阻上所消耗的功率，即

$$P_{Fe} = m_1 R_m I_0^2 \tag{1-11}$$

4）电磁功率 P_{em}

输入功率扣除定子铜损耗和铁芯损耗后，剩余的功率便是由气隙磁场通过电磁感应传递到转子侧的电磁功率 P_{em}，即

$$P_{em} = P_1 - P_{Cu1} - P_{Fe} \tag{1-12}$$

由 T 型等效电路可得

$$P_{em} = m_1 E_2' I_2' \cos\varphi_2 = m_1 I_2'^2 \frac{R_2'}{s} \tag{1-13}$$

5）转子铜损耗 P_{Cu2}

转子电流 I_2 流过转子绕组时，在转子绕组电阻 R_2 上产生的功率损耗为转子铜损耗，即

$$P_{Cu2} = m_1 R_2' I_2'^2 \tag{1-14}$$

6）总机械功率 P_{MEC}

传递到转子侧的电磁功率扣除转子铜损耗，即是电动机转子上的总机械功率，即

$$P_{MEC}=P_{em}-P_{Cu2}=m_1I'^2_2\frac{R'_2}{s}-m_1R'_2I'^2_2=m_1\frac{1-s}{s}R'_2I'^2_2 \tag{1-15}$$

该式说明了T型等效电路中附加电阻$\frac{1-s}{s}R'_2$的物理意义。

由式(1-14)、式(1-15)和式(1-16)可得

$$P_{Cu2}=sP_{em} \tag{1-16}$$

$$P_{MEC}=(1-s)P_{em} \tag{1-17}$$

以上两式说明，转差率s越大，消耗在转子上的铜损耗就越大，电动机效率就越低，所以异步电动机正常运行时的s都很小。

7）机械损耗P_{mec}和附加损耗P_{ad}

机械损耗P_{mec}是由轴承及风阻等摩擦引起的损耗；附加损耗P_{ad}是由于定、转子上有齿槽存在及磁场中的高次谐波引起的损耗。这两种损耗都会在电动机转子上产生制动性质的转矩。

8）输出功率P_2

总机械功率P_{MEC}扣除机械损耗P_{mec}和附加损耗P_{ad}，剩下的就是电动机转轴上输出的机械功率P_2，即

$$P_2=P_{MEC}-(P_{mec}+P_{ad})=P_{MEC}-P_0 \tag{1-18}$$

式中：$P_0=P_{mec}+P_{ad}$为异步电动机的空载损耗。

综上所述，异步电动机运行时从电源输入电功率P_1到转轴上输出机械功率P_2的全过程用功率平衡方程式表示为

$$P_2=P_1-(P_{Cu1}+P_{Fe}+P_{Cu2}+P_{mec}+P_{ad})=P_1-\sum P \tag{1-19}$$

式中：$\sum P$为电动机的总损耗。

不难看出，在电力传动自动控制系统中，不论是采用直流电力传动，还是采用交流电力传动，系统的转矩和功率始终是保持平衡的，这是控制系统基本控制规律。

1.4 生产机械的负载转矩特性

对于任何传动控制系统来说，生产机械的负载是一个必然存在的变化的扰动输入，生产机械的负载转矩特性直接影响传动控制系统控制方案的选择和系统的动态性能。电力拖动系统的运行状态取决于电动机和负载双方，在分析系统运行状态前，必须知道电动机的电磁转矩T_{em}、负载转矩T_L与转速n之间的关系。电动机的电磁转矩与转速的关系称为机械特性，即$n=f(T_{em})$；生产机械的负载转矩与转速的关系称为负载转矩特性，即$n=f(T_L)$。对生产机械负载的全面理解，有利于系统的设计、调试和控制。大多数生产机械的负载转矩特性可归纳为下列三种类型：恒转矩负载特性、恒功率负载特性和风机、泵类负载特性。

1.4.1 恒转矩负载特性

所谓恒转矩负载特性，是指生产机械的负载转矩T_L的大小与转速n无关的特性，即无论转速n如何变化，负载转矩T_L的大小都保持不变。

负载转矩T_L的大小恒定，即与ω_m或n无关，称为恒转矩负载，即

$$T_L=P_L/\omega_m=常数$$

恒转矩负载又分为位能性和反抗性两种。位能性恒转矩负载由重力产生，转矩的大小和方向是固定的，如起重机的载重，负载特性如图1-2所示。反抗性恒转矩负载又称为摩擦

转矩负载，其特点是负载转矩的大小恒定不变，而负载转矩的方向总是与转速的方向相反，即负载转矩的性质总是起反抗运动作用的阻转矩性质，如破碎机，负载特性如图 1-3 所示。

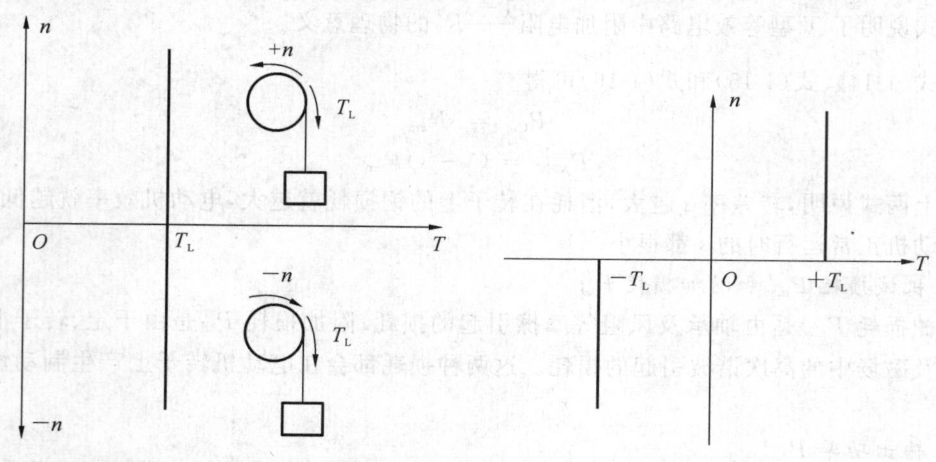

图 1-2　位能性恒转矩负载特性　　**图 1-3　反抗性恒转矩负载特性**

1.4.2　恒功率负载特性

当输出功率 P_2 为常数时，负载转矩 T_L 与转速 n 成反比，即

$$T_L = P_2/\omega_m = 常数/\omega_m \tag{1-20}$$

恒功率负载特性是一条双曲线，如图 1-4 所示。某些生产工艺过程，要求具有恒功率负载特性。例如车床的切削，粗加工时切削量大，阻力矩较大，要低速切削；精加工时切削量小，阻力矩也小，可高速切削。这样在高低转速下的功率大体保持不变。

1.4.3　泵与风机类负载特性

水泵、油泵、通风机和螺旋桨等都属此类负载，特点是负载转矩的大小与转速的平方成正比，即 $T_L \propto Kn^2$，其中 K 是比例系数。这类机械的负载特性是一条抛物线，如图 1-5 所示。

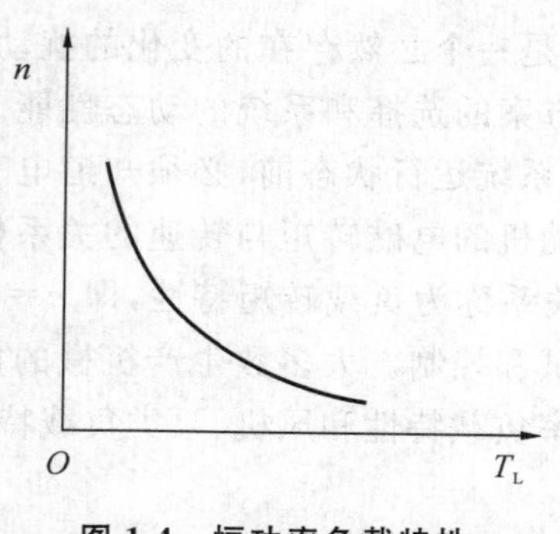

图 1-4　恒功率负载特性

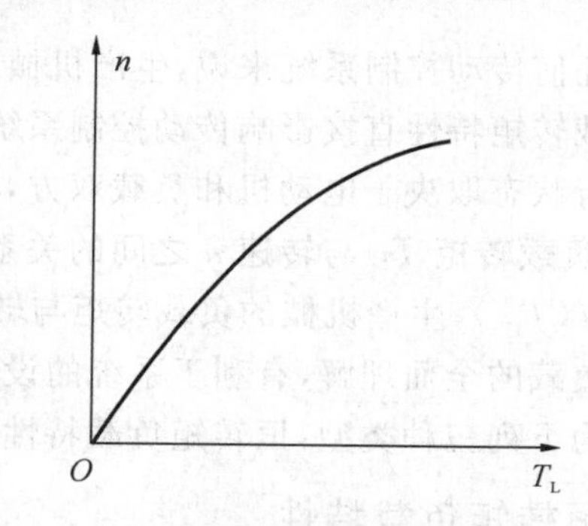

图 1-5　泵与风机类负载特性

1.5　本课程的学习要求

“电力传动自动控制系统”课程是高等工科院校自动化类专业的一门重要的专业课，又是核心专业课程。学生在学习了实现电能变换和电力传动的“电机与拖动基础”“电力电子技术”课程以及自动控制系统中所涉及的“自动控制原理”“计算机控制技术”“传感与检测技

术”等课程的基础上，来学习、掌握典型电力传动系统的集成技术、性能分析和应用要求。

一方面，电力传动自动控制具有系统典型性和应用的广泛性。电力传动自动控制技术已经在各行各业得到广泛应用，起着十分重要的作用；电力传动自动控制系统大都具有相似的结构，仅仅是控制目标、执行机构和被控对象因不同系统存在差异。另一方面，自动控制技术及系统涉及的知识体系和内容具有代表性和综合性。对于自动化类专业的学生而言，具有控制系统的知识和工程应用的能力是十分重要的。

本课程的主要任务是使学生全面了解和掌握各种电力传动自动控制系统的基本组成和工作原理；同时能结合实际应用，根据生产设备所提出的技术指标，掌握合理选择控制系统结构的思路和方法；另一方面要在掌握反馈闭环控制理论的基础上，掌握正确选择和整定系统动、静态参数的方法。

在功率可控电源及控制电路实现和应用中，既要掌握目前广泛应用的技术和正在发展的新技术，也要掌握模拟电路、以微处理器为代表的数字电路、智能功率集成电路以及目前应用广泛的各类器件及其组成的系统。

通过本课程的学习，学生应能从工程应用的角度提出问题、分析问题和解决问题，能胜任电力传动自动控制系统的使用、维护和管理工作。

本章小结

本章为绪论，主要介绍电力传动自动控制系统的历史和发展、直流调速系统和交流调速系统各自的特点。重点分析了电力传动自动控制系统的组成、传动控制系统的基本控制规律及生产机械的负载转矩特性。最后，提出了本课程的学习要求，供读者参考。

本章习题

1-1 电力传动自动控制系统主要由哪几个部分组成？简要说明系统各个部分的功能、特点与作用。

1-2 典型的生产机械负载转矩特性有哪几类？简要说明其各自的特点。

第2章 单闭环直流调速系统

2.1 概述

根据生产机械不同的控制要求和特点，电力传动自动控制系统分为调速系统、伺服系统、张力控制系统、多电动机同步控制系统等多种类型。各种系统往往都是通过转速控制来实现的，因此调速系统是电力传动控制系统中最基本的系统。

在电力传动调速系统中，由于直流电动机具有良好的启动、制动和调速性能，长久以来被广泛应用。早期是由交流电动机拖动直流发电机(G)给直流电动机(M)供电，通过调节发电机的励磁电流以改变其输出电压，达到直流电动机调速目的。这种调速系统简称G-M系统，这种系统需要两台与直流电动机容量相当的电机，设备多、体积大、费用高、噪声大、维护不方便。为克服这些缺点，开始采用水银整流供电，以静止变流装置替代旋转机组供电。随着半导体技术的发展，更为经济可靠、性能优越的晶闸管变流器出现了，由晶闸管变流器(VT)向电动机(M)供电的系统简称V-M系统。随着GTO、GTR、P-MOSFET、IGBT等全控型电力电子器件及其功率驱动装置的发展，以全控器件为主电路，采用直流脉冲宽度调制(PWM)的调速系统(简称PWM-M系统)应用越来越广泛。

2.1.1 调速的定义及直流调速方法

1. 调速的定义

直流电动机具有良好的启、制动性能，宜于在较大范围内平滑调速。目前，由晶闸管-直流电动机(V-M)组成的直流调速系统仍有一定应用。它在理论和实践上都比较成熟，而且从闭环控制理论的角度，它又是交流调速系统的基础。

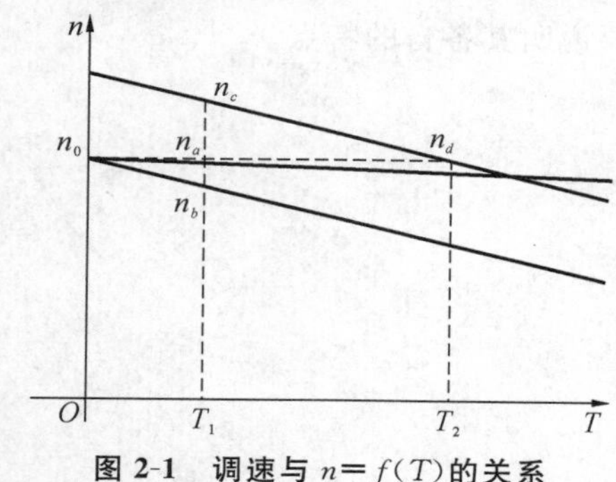

图 2-1 调速与 $n=f(T)$ 的关系

所谓调速，是指在某一具体负载情况下，通过改变电动机或电源参数的方法，使机械特性曲线得以改变，从而使电动机转速发生变化或保持不变。即调速包含两方面：其一，在一定范围内“变速”，如图2-1所示，当电动机负载不变时，转速可由 n_a 变到 n_b 或 n_c；其二，保持“稳速”，在某一速度下运行的生产机械受到外界干扰(如负载增加)，为了保证电动机工作速度不受干扰的影响，需要进行调速，使速度接近或等于原来的转速，如图2-1中 n_d 即为负载由 T_1 增加至 T_2 后的速度，与 n_a 基本一致，但同时机械特性发生了变化。

2. 直流电动机的调速方法

直流电动机转速表达式为

$$n=\frac{U-R_a I_a}{K_e \Phi} \tag{2-1}$$

式中：n 为电动机转速(r/min)；U 为电枢电压(V)；I_a 为电枢电流(A)；R_a 为电枢回路电阻(Ω)；Φ 为励磁磁通(Wb)；K_e 为电动机结构决定的电动势常数。

由式(2-1)可知，直流电动机有三种调速方法：

① 调节电枢电压；

② 调节励磁磁通；

③ 电枢回路外串电阻。

采用调节电枢电压调速，一般在额定转速以下调速，最低转速取决于电动机低速时的稳定性，具有调速范围宽、机械特性硬、动态性能好的特点。在连续改变电枢电压时，能实现无级平滑调速，是目前主要调速方法之一。

采用调节励磁磁通调速，一般以额定转速为最低转速，最高转速受电动机换向条件和电枢机械强度的限制，所以调速范围较小，需与调压调速方法相结合，以扩大调速范围。

电枢回路外串电阻调速，外接电阻越大，电阻功耗越大，特性越软，稳定性越差，是一种有级调速，此法在实际中较少应用。

2.1.2 稳态调速性能指标

对于不同的生产机械及其工艺要求，电气控制系统具有不同的调速性能指标，可概括为静态调速指标和动态调速指标。

1. 静态调速指标

1）调速范围

在额定负载下，电动机可能运行的最高转速 n_{max} 与最低转速 n_{min} 之比称为调速范围，通常用 D 表示，即

$$D=\frac{n_{max}}{n_{min}} \tag{2-2}$$

电动机的最高转速受到电动机换向条件及机械强度的限制，而最低转速则受到低速运行时转速的相对稳定性的限制。对非弱磁的调速系统，电动机的最高转速 n_{max} 即为额定转速 n_N。

2）静差率

转速的相对稳定性是指负载变化时转速变化的程度，工程上常用静差率来衡量。所谓静差率是指电动机在某一机械特性上运行时，由理想空载增加到额定负载，电动机的转速降 $\Delta n=n_0-n$ 与理想空载转速 n_0 之比，用 s 表示，即

$$s=\frac{n_0-n}{n_0}=\frac{\Delta n}{n_0} \tag{2-3}$$

静差率反映了电动机转速受负载变化的影响程度，它与机械特性和理想空载转速均有关。

由式(2-3)可知，在 n_0 相同时，机械特性越硬，s 就越小，转速的相对稳定性就越高。而在机械特性硬度相同的情况下，n_0 越低，s 越大；n_0 越高，s 越小。

3）调速范围与静差率的关系

由于电动机的最低转速决定于低速时的静差率，因此调速范围 D 必然受到低速时静差率 s 的制约。电动机的调速范围 D 与最低转速时的静差率 s 关系如下

$$D=\frac{n_{max}}{n_{min}}=\frac{n_{max}s}{\Delta n(1-s)} \tag{2-4}$$

式中：Δn 为最低转速机械特性上的转速降；s 为最低转速时的静差率，即系统的最大静差率。

由式(2-4)可知，若对静差率要求高，即 s 小，n_{min} 就大，则调速范围 D 就小；若对静差率要求低，即 s 大，n_{min} 就小，则调速范围 D 才会大。

2. 动态调速指标

反映动态调速性能的动态调速指标包括跟随性能指标和抗扰性能指标两类。

1）跟随性能指标

在给定信号（或称参考输入信号）$r(t)$的作用下，系统输出量$c(t)$的变化情况可用跟随性能指标来描述。当给定信号变化方式不同时，输出响应也不一样。通常以输出量的初始值为零、给定信号阶跃变化下的过渡过程作为典型的跟随过程，这时的动态响应又称阶跃响应。一般希望在阶跃响应中输出量$c(t)$与其稳定值c_∞的偏差越小越好，达到c_∞的时间越快越好。具体的跟随性能指标描述如下：

① 上升时间t_r：在典型的阶跃响应跟随过程中，输出量从零起第一次上升到稳态值c_∞所经过的时间称为上升时间，它表示动态响应的快速性，如图2-2所示。在调速系统中采用这个定义就可以基本满足要求了，但在一般控制系统中还有更为严格的定义。

② 超调量σ：在典型的阶跃响应跟随过程中，输出量超出稳态值的最大偏离量与稳态值之比，用百分数表示，称为超调量，即

$$\sigma = \frac{c_{\max} - c_\infty}{c_\infty} \times 100\% \tag{2-5}$$

超调量反映的是系统的相对稳定性。超调量越小，则相对稳定性越好，即动态响应比较平稳。

③ 调节时间t_s：调节时间又称过渡过程时间，它衡量系统整个调节过程的快慢。一般在阶跃响应曲线的稳态值附近，取$\pm 5\%$（或$\pm 2\%$）的范围作为允许误差带，以响应曲线达到并不再超出该误差带所需的最短时间，定义为调节时间，如图2-2所示。

2）抗扰性能指标

一般是以系统稳定运行中，突加负载的阶跃扰动后的动态过程作为典型的抗扰过程，并由此定义抗扰性能指标，如图2-3所示。具体的抗扰性能指标描述如下：

① 动态降落$\Delta c_{\max}$：系统稳定运行时，突加一定数值的扰动后引起的转速的最大降落值$\Delta c_{\max}$称为动态降落。调速系统突加额定负载（扰动）时的动态转速降落称为动态速降$\Delta n_{\max}$。

② 恢复时间t_f：从阶跃扰动作用开始，到被调量进入稳态值的$\pm 5\%$或$\pm 2\%$的区域内为止所需要的最短时间。

③ 振荡次数N：振荡次数是指在恢复时间内被调量在稳态值上下摆动的次数，它代表系统的稳定性和抗扰能力的强弱。

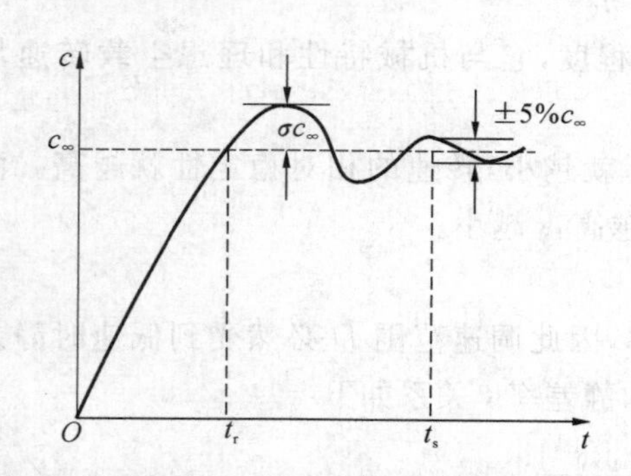

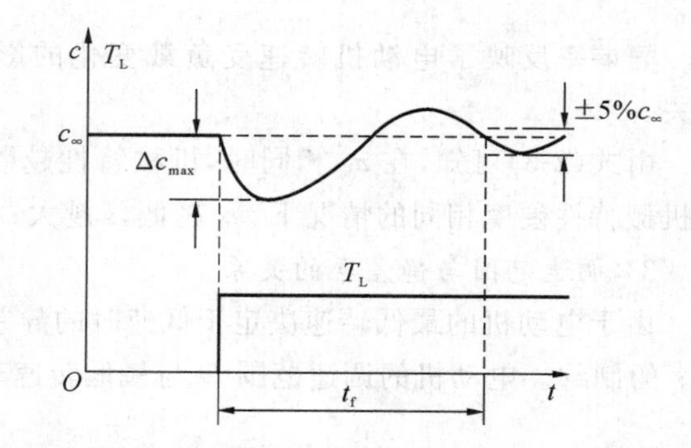

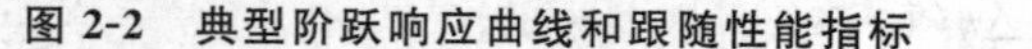

图2-2　典型阶跃响应曲线和跟随性能指标　　图2-3　突加负载时的动态过程和抗扰性能指标

2.1.3　直流调速系统采用的可控直流电源

变压调速是直流调速系统的主要方法，调节电枢供电电压需要有专门的可控直流电源。出

现的可控直流电源有三种：旋转变流机组、静止式可控整流器、直流斩波器或脉宽调制变换器。

1）旋转变流机组

用交流电动机和直流发电机组成旋转变流机组，获得可调的直流电压。机组供电的直流调速系统在20世纪60年代以前曾广泛地使用，但该系统需要旋转变流机组，至少包含两台与调速电动机容量相当的旋转电机，还要一台励磁发电机，因此设备多、体积大、费用高、效率低，安装须打地基，运行有噪声，维护不方便。为了克服这些缺点，在20世纪60年代以后开始采用各种静止式的变压或变流装置来替代旋转变流机组。

2）静止式可控整流器

最早应用静止式变流装置供电的直流调速系统采用闸流管或汞弧整流器作为变流装置，它虽然克服了旋转变流机组的许多缺点，而且大大缩短了响应时间，但闸流管容量小，汞弧整流器造价较高、维护麻烦，万一水银泄漏，将会污染环境，危害人身健康，应用受到限制。

1957年，晶闸管（俗称可控硅整流元件）问世，到了20世纪60年代，已生产出成套的晶闸管整流装置，逐步取代了旋转变流机组和离子拖动变流装置，使变流技术产生了根本性的变革。和旋转变流机组及离子拖动变流装置相比，晶闸管整流装置不仅在经济性和可靠性上都有很大提高，而且在技术性能上也显示出较大的优越性。晶闸管可控整流器的功率放大倍数在10^4以上，其门极电流可以直接用电子控制，不再像直流发电机那样需要较大功率的放大器。在控制作用的快速性上，变流机组是秒级，而晶闸管整流器是毫秒级，这将会大大提高系统的动态性能。

晶闸管整流器也有它的缺点。首先，由于晶闸管的单向导电性，它不允许电流反向，给系统的可逆运行造成困难。其次，晶闸管对过电压、过电流和过高的du/dt与di/dt都十分敏感，其中任一指标超过允许值都可能在很短的时间内损坏器件，因此必须有可靠的保护电路和符合要求的散热条件，同时在选择器件时还应留有适当的余量。最后，谐波与无功功率造成的电力公害是晶闸管可控整流装置进一步普及的障碍。当系统处于深调速状态，即在较低速运行时，晶闸管的导通角很小，使得系统的功率因数很低，并产生较大的谐波电流，引起电网电压波形畸变，殃及附近的用电设备，这就是所谓的电力公害。在这种情况下，必须添置无功补偿和谐波滤波装置。

3）直流斩波器或脉宽调制变换器

用恒定直流电源或不控整流电源供电，利用电力电子开关器件斩波或进行脉宽调制，产生可变的平均电压。在干线铁道电力机车、工矿电力机车、城市电车和地铁电机车等电力牵引设备上，常采用直流串励或复励电动机，由恒压直流电网供电。过去用切换电枢回路电阻来控制电机的启动、制动和调速，在电阻中耗电很大。为了节能，并实行无触点控制，现在多改用电力电子开关器件，如FST、GTO、IGBT等。最初采用简单的单管控制时，称作直流斩波器，后来逐渐发展出各种脉冲宽度调制开关的电路，统称脉宽调制变换器。

2.2 单闭环直流调速系统的组成及其特点

直流电动机由于调速性能好，启动、制动和过载转矩大，便于控制等特点，是许多大容量、高性能要求的生产机械的理想电动机。尽管近年来，交流电动机的控制系统不断普及，但直流电动机仍然在一定场合得到广泛应用。

当生产机械对调速性能要求不高时，可采用开环调速系统，系统框图如图2-4所示。改变参考电压U_g的大小，即可改变触发脉冲的控制角α，从而使直流电动机的电枢电压U_d变化，以达到改变电动机转速的目的，但是这样的开环调速系统调速范围并不大。

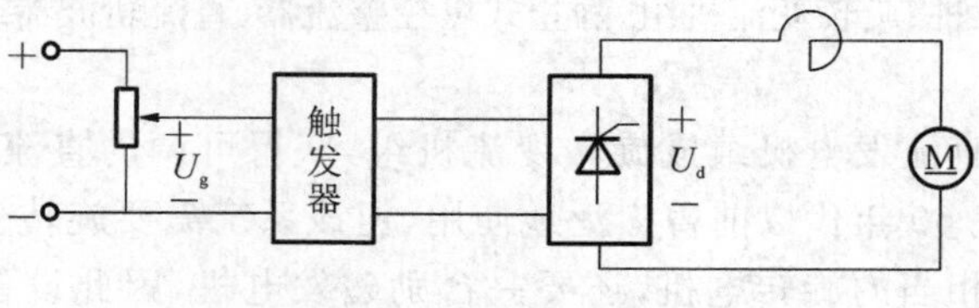

图 2-4 开环调速系统

2.2.1 单闭环有静差调速系统

根据自动控制原理，为满足调速系统的性能指标，在开环系统的基础上，引入反馈构成单闭环有静差调速系统，采用不同物理量的反馈便形成不同的单闭环系统。在此以引入速度负反馈为例，构成转速负反馈直流调速系统。

在电动机轴上安装一台测速发电机 TG，引出与转速成正比的电压信号 U_{fn}，以此作为反馈信号与给定电压信号 U_n^* 比较，所得差值电压 ΔU_n，再经放大器产生控制电压 U_{ct}，用于控制电动机转速，从而构成了转速负反馈调速系统，其控制原理图如图 2-5 所示。

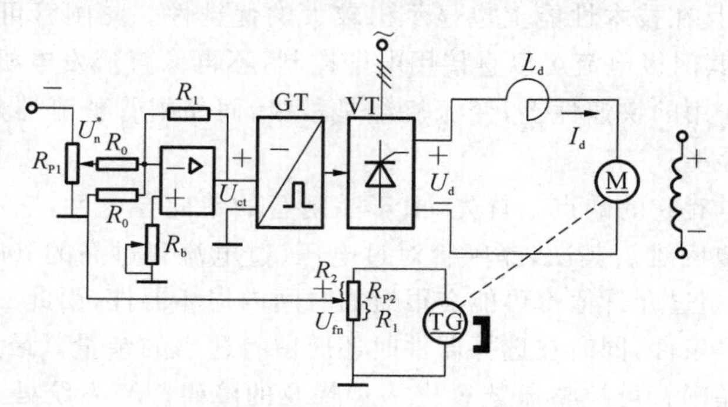

图 2-5 转速负反馈调速系统

给定电位器 R_{p1} 通常经稳压电源供电，以保证转速给定信号的精度。R_{p2} 为调节调速反馈系数而设置，测速发电机输出电压 U_{TG} 与电动机 M 的转速成正比，即 $U_{TG}=C_n n$，C_n 为直流永磁式发电机的电动势常数。$U_{fn}=K_f U_{TG}=\alpha n$，$K_f$ 为电位器 R_{p2} 的分压系数，$\alpha=K_f C_n$ 称为转速反馈系数。U_{fn} 与 U_n^* 极性相反，以满足负反馈关系。

2.2.2 单闭环调速系统的稳态分析

1. 转速负反馈调速系统的稳态方程式和稳态结构图

分析系统的静特性时，要突出主要矛盾，系统作如下假定：

① 各典型环节输入输出呈线性关系；

② 系统在电流连续段工作；

③ 忽略直流电源和电位器内阻。

因此系统各环节输入输出量的静态关系如下：

电压比较环节

$$\Delta U_n = U_n^* - U_{fn}$$

比例放大器

$$U_{ct} = K_p \Delta U_n$$

晶闸管整流与触发装置

$$U_{d0}=K_sU_{ct}$$

转速检测环节

$$U_{fn}=\frac{R_1}{R_1+R_2}C_nn=K_fC_nn=\alpha n$$

V-M 系统开环机械特性

$$n=\frac{U_{d0}-RI_d}{C_e}$$

以上各式中：K_p 为速度调节器（放大器）放大系数；K_s 为晶闸管整流与触发装置的电压放大系数；α 为转速反馈系数，V/(r/min)；$R=R_x+R_a$ 为电枢回路总电阻，$R_x=R_i+R_L$ 为整流器内阻＋电抗器电阻，R_a 为电动机电枢电阻。

图 2-6　系统静态结构图

根据上式关系，得到系统静态结构，如图 2-6 所示。

由图 2-6，利用叠加定理，将给定电压 U_n^* 和扰动量 $-RI_d$ 分别单独作用时的响应进行叠加，可得系统的静特性方程为

$$\begin{aligned}n&=\frac{\text{对给定 }U_n^*\text{ 前向通道各环节乘积}}{1+\text{开环放大系数}}+\frac{\text{对扰动量 }RI_d\text{ 前向各环节乘积}}{1+\text{开环放大系数}}\\&=\frac{K_pK_s/C_e\cdot U_n^*}{1+K_pK_s\alpha/C_e}+\frac{-RI_d/C_e}{1+K_pK_s\alpha/C_e}\\&=\frac{K_pK_sU_n^*}{C_e(1+K)}-\frac{RI_d}{C_e(1+K)}\end{aligned}\qquad(2\text{-}6)$$

式中：$K=K_pK_s\alpha\frac{1}{C_e}$ 称为闭环系统的开环放大系数，即从测速发电机输出端把反馈线断开，从调节器输入直到测速反馈输出，各环节放大系数的乘积。

2. 开环系统机械特性与闭环系统静特性比较

断开测速反馈回路，可得上述系统开环机械特性方程为

$$n=\frac{U_{d0}-RI_d}{C_e}=\frac{K_pK_sU_n^*}{C_e}-\frac{R}{C_e}I_d=n_{0op}-\Delta n_{op}\qquad(2\text{-}7)$$

式中：n_{0op} 为开环理想空载转速；Δn_{op} 为开环系统的静态速降。

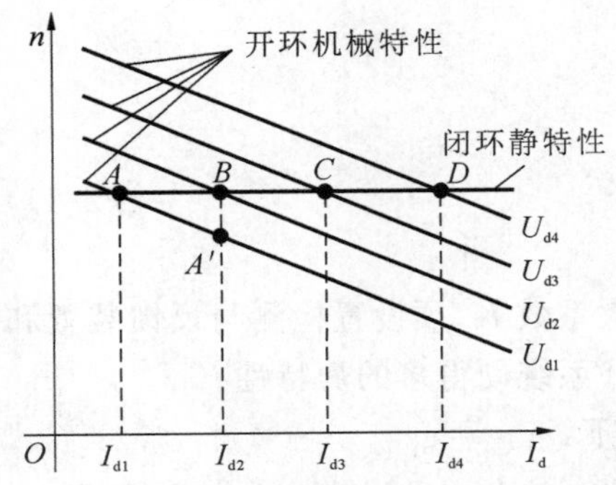

图 2-7　开、闭环系统静特性

闭环静特性

$$n=\frac{K_pK_sU_n^*}{C_e(1+K)}-\frac{R}{C_e(1+K)}I_d=n_{0cl}-\Delta n_{cl}\qquad(2\text{-}8)$$

式中：n_{0cl} 为闭环理想空载转速；Δn_{cl} 为闭环稳态速降。

以上二式形式上相似，但本质上却有很大不同，观察图 2-7 把两者作一比较。在开环系统中，当负载电流增大时，电枢回路电阻压降也增大，静态速降增大，电动机转速下降。在闭环系统中加有转速反馈信号，当转速稍有降落，反馈电压 U_{fn} 便反映出来。通过比较和放大，提高了晶闸管整流装置的输出电压 U_{d0}，使系统在新的

机械特性下工作，转速因此而回升。在图 2-7 中，设原来工作点为 A，负载电流为 I_{d1}，当负载增大到 I_{d2} 时，由于 $I_{d2}>I_{d1}$，$\frac{dn}{dt}<0$，转速要下降，若为开环系统，则速度必然降至 A' 点对应速度，而闭环系统转速反馈电压 U_{fn} 下降，使比较后的 ΔU_n 增大，通过放大后，使 U_{d0} 从 U_{d1} 增大到 U_{d2}，电机工作在 B 点，稳态速降较开环时小得多。由此可见，在闭环系统中，每次增加（或减少）负载，就相应提高（或降低）整流电压，改变一条机械特性，这样在众多开环特性上各取一个相应的工作点（A、B、C、D）即可连接构成闭环系统的静特性。就此也能看出闭环系统较开环系统具有下列优点：

(1) 静态速降小，特性硬。

在同样负载下，两者的转速降落分别为

$$\Delta n_{op}=\frac{R}{C_e}I_d,\Delta n_{cl}=\frac{RI_d}{C_e(1+K)}$$

它们之间的关系为

$$\Delta n_{cl}=\frac{\Delta n_{op}}{1+K} \tag{2-9}$$

转速闭环后，在同一负载下的静态转速降减小到开环时的$\frac{1}{1+K}$，因而闭环静特性硬度大大提高。

(2) 系统的静差率减小，稳速精度高。

当空载转速相同时，开环与闭环系统的静差率分别为

$$s_{op}=\frac{\Delta n_{op}}{n_{0op}},s_{cl}=\frac{\Delta n_{cl}}{n_{0cl}}$$

当 $n_{0op}=n_{0cl}$ 时

$$s_{cl}=\frac{s_{op}}{1+K} \tag{2-10}$$

转速闭环后，静差率降低至开环时的$\frac{1}{1+K}$。

(3)系统的调速范围大大提高。

如果电动机的最高转速都是额定转速 n_N，且开环及闭环系统要求的静差率保持相同，则开环调速范围

$$D_{op}=\frac{n_N s}{\Delta n_{op}(1-s)}$$

闭环调速范围

$$D_{cl}=\frac{n_N s}{\Delta n_{cl}(1-s)}$$

将式(2-9)代入，得

$$D_{cl}=(1+K)D_{op} \tag{2-11}$$

转速闭环后，调速范围提高至开环时的$(1+K)$倍。

为使以上优点充分显现，关键是提高闭环系统的放大系数 K，须设置检测与反馈装置和放大系数足够大的调节器，这样闭环系统便能获得较开环系统硬得多的静特性。

例 2-1　如图 2-8 所示转速闭环系统中，已知参数如下：

(1) 直流电动机额定参数：$P_N=22\ kW$，$U_N=220\ V$，$I_N=116\ A$，$R_a=0.1\ \Omega$，$n_N=1500\ r/min$。

（2）V-M 系统主回路总电阻 $R=0.3\ \Omega$。

（3）晶闸管整流装置移相控制电压 U_{ct} 从 0～7 V 变化时，晶闸管整流电压 U_{d0} 从 0～230 V变化，整流变压器 Y/Y 联结，二次线电压 $U_{2L}=230$ V。

（4）测速发电机为 ZYS231/110 型永磁式，额定数据：23.1 W，110 V，0.21 A，1900 r/min。

（5）生产机械要求：$D=10$，$s=0.05$。

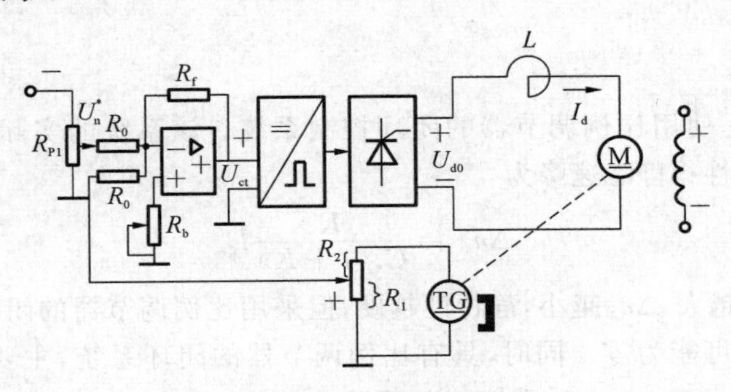

图 2-8　转速闭环系统

解　根据已知技术数据，系统静态参数计算如下：

（1）为了满足静态调速指标，电动机在额定负载时静态速降为

$$\Delta n_{cl}=\frac{n_N s}{D(1-s)}=\frac{1500\times 0.05}{10\times(1-0.05)}\ \text{r/min}=7.89\ \text{r/min}$$

（2）根据 Δn_{cl}，确定系统的开环放大系数 K。

由于
$$\Delta n_{cl}=\frac{RI_N}{C_e(1+K)}$$

所以
$$K=\frac{RI_N}{C_e\Delta n_{cl}}-1$$

其中
$$C_e=\frac{U_N-R_aI_N}{n_N}=\frac{220-0.1\times 116}{1500}\ \text{V/(r/min)}=0.139\ \text{V/(r/min)}$$

所以
$$K=\frac{0.3\times 116}{0.139\times 7.89}-1=30.7$$

（3）计算测速反馈系数 α。

测速反馈电压

$$U_{fn}=U_n^*=\alpha n$$

转速反馈系数

$$\alpha=\frac{U_n^*}{n_N}=\frac{10}{1500}\ \text{V/(r/min)}=0.006\ \text{V/(r/min)}$$

（4）确定比例调节器的放大系数 K_p。

由于
$$K=K_pK_s\alpha\frac{1}{C_e}$$

其中晶闸管及触发装置的电压放大系数 K_s 可根据已知参数估算

$$K_s=\frac{U_{d0\max}}{U_{ct\max}}=\frac{230}{7}=32.86$$

所以
$$K_p=\frac{K}{K_s\alpha\frac{1}{C_e}}=\frac{30.7}{32.86\times 0.006\times\frac{1}{0.139}}=21.6$$

由于

$$K_p = \frac{R_f}{R_0}$$

若取 $K_p=22, R_0=20\ \text{k}\Omega$，则 $R_f=K_pR_0=440\ \text{k}\Omega$。

3. 单闭环调速系统的基本性质

转速单闭环调速系统是一种最基本的反馈控制系统，它具有反馈控制的基本规律，具体特征如下。

(1) 有静差系统。

有静差系统就是使用比例调节器的闭环控制系统。该系统的实际转速不等于给定转速，因为从闭环静特性得静态速降为

$$\Delta n_{cl} = \frac{R}{C_e(1+K)} I_d$$

当开环放大系数 K 越大，Δn_{cl}越小，静特性越硬，但采用比例调节器的闭环系统的 K 总是有限值，则静态速降不可能为零。同时，具有比例调节器的闭环系统，主要依靠偏差电压 ΔU 来调节输出电压 U_{d0}。若 $\Delta U=0$，则控制电压 $U_{ct}=K_p\Delta U=0$，整流输出电压 $U_{d0}=0$，电动机也就停止转动，所以 $\Delta U\neq 0$ 是有静差系统的一大特点。

(2) 闭环系统对于给定输入绝对服从。

给定电压 U_n^*，它是和反馈电压 U_{fn} 相比较的量，又可称作参考输入量。显然给定电压的一些微小变化，都会直接引起输出量转速的变化。在调速系统中，改变给定电压就是在调整转速。

(3) 转速闭环系统的抗扰性能。

在闭环系统中，当给定电压 U_n^* 不变时，使电动机转速发生变化(即系统稳态转速偏离设定值)的所有因素统称为系统的扰动。实际上除了负载之外还有许多因素会引起转速的变化，包括交流电源电压波动、励磁电流变化、调节器放大倍数的漂移、周围环境温度变化引起电阻数值的变化等。所有这些扰动对转速的影响，都会被测速装置检测出来，再通过反馈控制作用，减少它们对稳态转速的影响。图 2-9 标出了各种扰动因素对系统的作用。扰动输入的作用点不同，它对系统的影响程度也不同，而转速负反馈能抑制或减小被包围在反馈环内作用在控制系统主通道上的扰动，这是开环系统无法完成的，也是闭环系统最明显的特征。

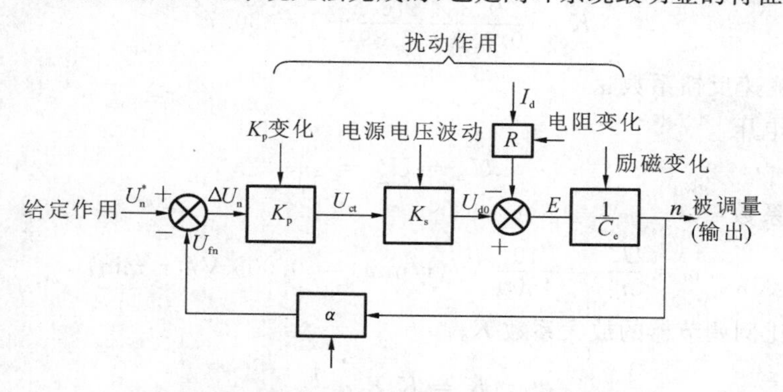

图 2-9　自动调速系统的给定作用和扰动作用

现以交流电源电压波动为例，定性说明闭环系统对扰动作用的抑制过程：当交流电源电压 $U_2\downarrow\rightarrow U_{d0}\downarrow\rightarrow n\downarrow\rightarrow U_{fn}\downarrow\rightarrow\Delta U_n\uparrow\rightarrow U_{d0}\uparrow\rightarrow n\uparrow$，整个调节过程转速回升接近原来的值，但由于是有静差调速系统，转速不可能恢复到原稳态转速。

闭环系统对检测和给定环节本身的扰动无抑制能力，若测速发电机磁场不稳定，引起反馈电

压 U_{fn} 变化，使转速偏离原值，这种测速发电机本身误差引起的转速变化，闭环系统无抑制调节能力。由此可见，转速闭环系统，只能抑制被反馈环包围的加在系统前向通道上的扰动作用，而对诸如给定电源、检测元件或装置中的扰动无能为力。所以对测速发电机的选择及安装必须特别注意，确保反馈检测元件的精度对闭环系统的稳速精度是至关重要的，具有决定性的作用。

2.2.3 单闭环调速系统的动态分析

在单闭环有静差调速系统中，引入转速负反馈且有了足够大的放大系数 K 后，就可以满足系统的稳态性能要求。由自动控制理论可知，系统开环放大系数太大时，可能会引起闭环系统的不稳定，须采取校正措施才能使系统正常工作。另外，系统还必须满足各种动态性能指标。为此，必须进一步分析系统的动态特性。

1. 转速闭环调速系统的动态数学模型

建立转速闭环调速系统的数学模型，根据系统中各环节的物理规律，列写描述每个环节动态过程的微分方程，求出各环节的传递函数，组成系统的动态结构图，进而可得系统的传递函数。

（1）直流电动机传递函数。

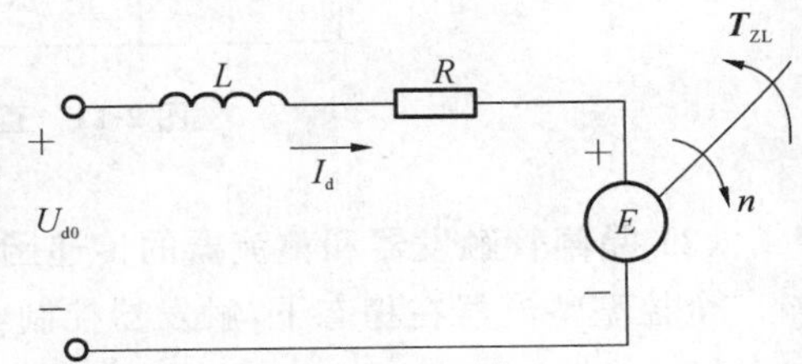

图 2-10　直流电动机电枢回路的等效电路

直流电动机电枢回路的等效电路如图 2-10 所示，在额定磁通且电枢电流连续的条件下，电动机电枢回路电压平衡方程式为

$$U_{d0}-E=RI_d+L\frac{dI_d}{dt}=R(I_d+T_L\frac{dI_d}{dt}) \tag{2-12}$$

式中：R 为电枢回路总电阻；L 为电枢回路总电感；$T_L=\frac{L}{R}$ 为电枢回路电动势时间常数；E 为电动机反电动势。

将式(2-12)两边取拉氏变换，整理得到整流电压与电枢电流之间的传递函数

$$\frac{I_d(s)}{U_{d0}(s)-E(s)}=\frac{1/R}{T_Ls+1} \tag{2-13}$$

忽略黏性摩擦，电动机转矩与转速之间的力矩平衡方程式为

$$T_e-T_{ZL}=\frac{GD^2}{375}\cdot\frac{dn}{dt} \tag{2-14}$$

式中：$T_e=C_TI_d$ 为额定励磁下的电磁转矩，N・m；T_{ZL} 为电动机轴上的负载转矩，N・m；GD^2 为系统的全部运行部分折算到电动机轴上的总飞轮惯量，N・m；C_T 为电动机在额定磁通下的转矩电流比。

设表示负载转矩的电枢电流分量为

$$I_{dL}=\frac{T_{ZL}}{C_T}$$

则式(2-14)可简化为

$$I_d-I_{dL}=\frac{GD^2}{375}\cdot\frac{dn}{dt}\cdot\frac{1}{C_T}=\frac{GD^2R}{375C_TC_e}\cdot\frac{1}{R}\frac{dE}{dt}$$

令 $T_m=\frac{GD^2R}{375C_TC_e}$ 为电动机的机电时间常数，则

$$I_d-I_{dL}=\frac{T_m}{R}\frac{dE}{dt}$$

上式两边取拉氏变换

$$I_d(s) - I_{dL}(s) = \frac{T_m}{R} sE(s)$$

整理得电动势与电流间的传递函数为

$$\frac{E(s)}{I_d(s) - I_{dL}(s)} = \frac{R}{T_m s} \tag{2-15}$$

由式(2-13)和式(2-15)可得直流电动机在额定励磁下的动态结构图,如图 2-11 所示。

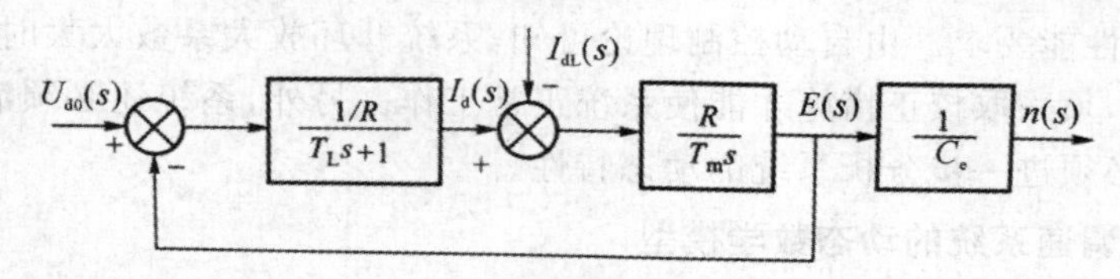

图 2-11　直流电动机动态结构图

(2) 晶闸管触发器和整流器的传递函数。

全控型整流器在稳态下,触发器控制电压 U_{ct} 与整流输出电压 U_{d0} 的关系为

$$U_{d0} = AU_2 \cos\alpha = AU_2 \cos(KU_{ct}) \tag{2-16}$$

式中:A 为整流器型式系数;U_2 为整流器输入交流电压有效值;α 为整流器触发控制角;U_{ct} 为触发电路移相控制电压;K 为触发器移相斜率。

由式(2-16)可知,触发器与整流器输入输出关系是非线性余弦关系。由于一般控制角在 30°～150°范围内,非线性偏差不大,在工程上常常用线性环节来近似处理,即触发与整流环节放大倍数为

$$K_s = \frac{U_{d0}}{U_{ct}} \tag{2-17}$$

触发与整流环节可看成是一个具有纯滞后的放大环节,其滞后作用是晶闸管装置的失控时间引起的。失控时间是指当某一相晶闸管触发导通后,至下一相晶闸管触发导通之前的一段时间,也称滞后时间,用 T_s 表示。在此期间,如果改变控制电压 U_{ct},整流电流电压瞬时波形和 α 角的对应关系不能立即跟随 U_{ct} 变化,形成整流电压滞后于控制电压的状况。图 2-12 表示了这种滞后引起的"失控"现象。

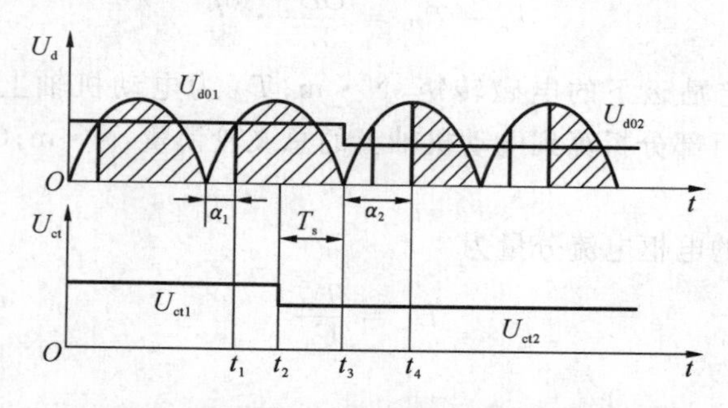

图 2-12　晶闸管触发和整流装置的失控时间

滞后时间 T_s 与整流电路具体形式有关,与电源频率有关,最大滞后时间

$$T_{s\,max} = \frac{1}{mf} \tag{2-18}$$

式中:f 为交流电源频率;m 为一周内整流电压的波头数。

一般情况下，相对于整个系统的响应时间来说，T_s 是不大的，且可近似为常数，工程上常取其统计平均值

$$T_s = \frac{1}{2}T_{s\max} \tag{2-19}$$

各种整流电路在 $f=50$ Hz 情况下的失控时间如表 2-1 所示。

表 2-1　各种整流电路的失控时间（$f=50$ Hz）

整流电路形式	最大滞后时间 $T_{s\max}$/ms	平均滞后时间 T_s/ms
单相半波	20	10
单相桥式	10	5
三相零式	6.67	3.33
三相桥式	3.33	1.67

从以上分析可得晶闸管触发和整流装置的输入输出关系

$$U_{d0} = K_s U_{ct}(t - T_s)$$

应用拉氏变换定理，晶闸管整流装置的传递函数为

$$W(s) = \frac{U_{d0}(s)}{U_{ct}(s)} = K_s e^{-T_s s} \tag{2-20}$$

将式(2-20)按泰勒级数展开，得

$$W(s) = \frac{K_s}{e^{T_s s}} = \frac{K_s}{1 + T_s s + \frac{(T_s s)^2}{2!} + \frac{(T_s s)^3}{3!} + \cdots}$$

忽略其高次项，则晶闸管触发和整流装置的传递函数可近似成一阶惯性环节

$$\frac{U_{d0}(s)}{U_{ct}(s)} \approx \frac{K_s}{T_s s + 1} \tag{2-21}$$

其动态结构图如图 2-13 所示。

（3）放大器及转速反馈环节。

放大器为比例调节器。

输入信号

$$\Delta U_n(s) = U_n^*(s) - U_{fn}(s)$$

输出信号

$$U_{ct}(s) = K_p \Delta U_n(s)$$

测速发电机反馈信号

$$U_{fn}(s) = \alpha n(s)$$

则该环节传递函数为

$$\frac{U_{ct}(s)}{U_n^*(s) - \alpha n(s)} = K_p \tag{2-22}$$

其动态结构如图 2-14 所示。

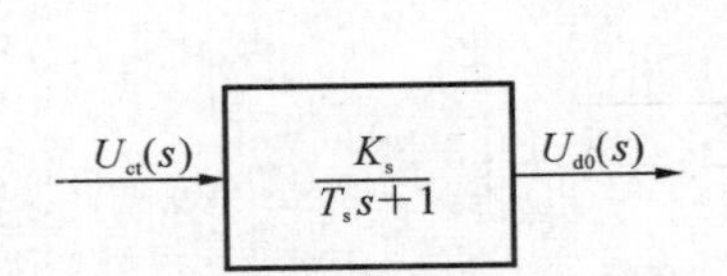

图 2-13　晶闸管触发和整流器动态结构图

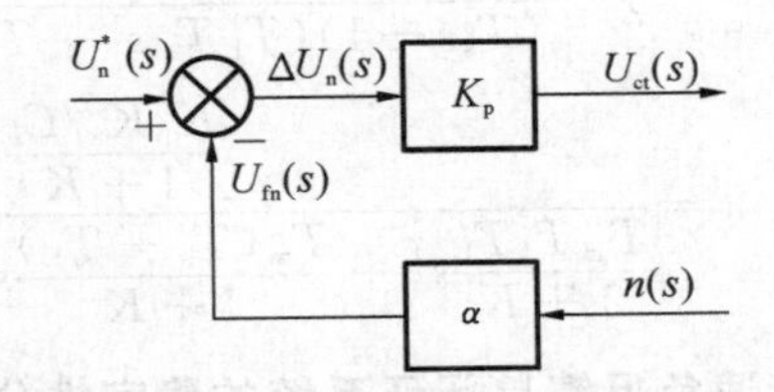

图 2-14　放大器及转速反馈环节动态结构图

(4) 单闭环调速系统的动态结构图和传递函数。

知道了各环节的传递函数后,按它们在系统中输入、输出的相互关系,可画出图 2-15 所示的单闭环调速系统的动态结构图。

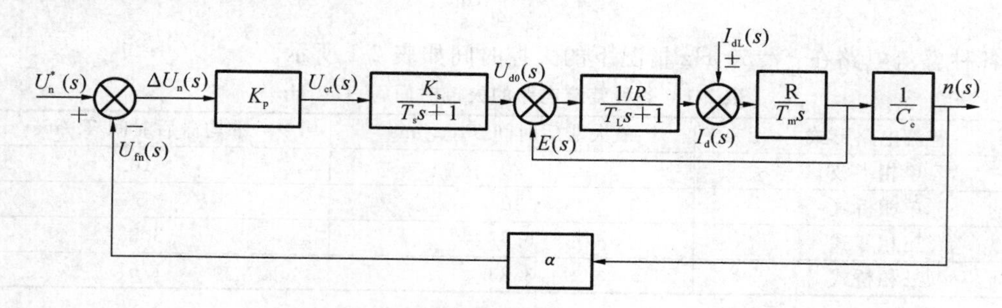

图 2-15 单闭环调速系统动态结构图

把直流电动机等效成一个环节,其输入与输出关系为

$$n(s)=\frac{1}{C_e}E(s)=\frac{1/C_e}{T_L T_m s^2+T_m s+1}U_{d0}(s)+R(T_L s+1)I_{dL}(s)$$

图 2-15 可简化成图 2-16。

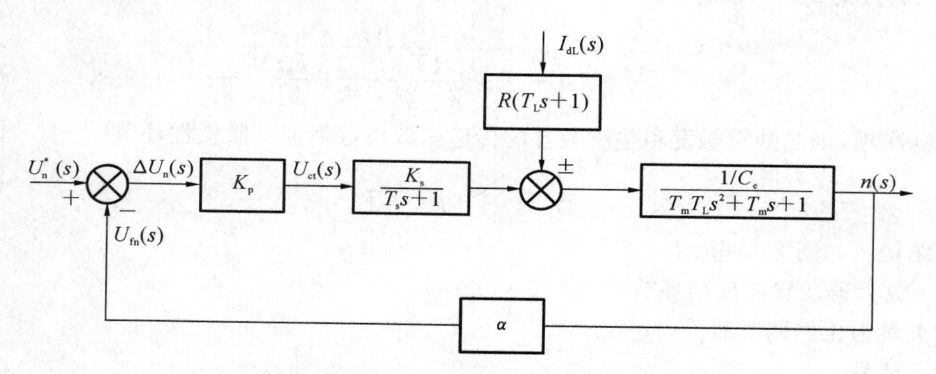

图 2-16 转速反馈系统动态结构图化简

由图 2-16 可见,单闭环系统就是一个三阶线性系统,其开环传递函数为

$$W_{op}(s)=\frac{K}{(T_s s+1)(T_L T_m s^2+T_m s+1)} \tag{2-23}$$

式中:$K=K_p K_s \alpha/C_e$ 为闭环系统开环放大倍数。

则闭环系统输出量对给定量的闭环传递函数为

$$W_{op}(s)=\frac{\dfrac{K_p K_s/C_e}{(T_s s+1)(T_L T_m s^2+T_m s+1)}}{1+\dfrac{K_p K_s \alpha/C_e}{(T_s s+1)(T_L T_m s^2+T_m s+1)}}=\frac{K_p K_s/C_e}{(T_s s+1)(T_L T_m s^2+T_m s+1)+K}$$

$$=\frac{\dfrac{K_p K_s/C_e}{1+K}}{\dfrac{T_m T_s T_L}{1+K}s^3+\dfrac{T_m(T_s+T_L)}{1+K}s^2+\dfrac{T_m+T_s}{1+K}s+1} \tag{2-24}$$

2. 转速负反馈单闭环系统的稳定性分析

由式(2-24)得单闭环调速系统的特征方程为

$$\frac{T_m T_s T_L}{1+K}s^3+\frac{T_m(T_s+T_L)}{1+K}s^2+\frac{T_m+T_s}{1+K}s+1=0 \tag{2-25}$$

根据三阶系统的劳斯稳定判据，系统稳定的充分必要条件为

$$\frac{T_m(T_s+T_L)(T_m+T_s)}{(1+K)^2}-\frac{T_m T_s T_L}{1+K}>0$$

即

$$K<\frac{T_m(T_s+T_L)+T_s^2}{T_s T_L} \tag{2-26}$$

上式表明，在系统参数 T_m、T_L、T_s 一定的情况下，为保证系统稳定，其开环放大系数 K 值不能太大，必须满足式(2-26)的稳定条件。

在前述的稳态分析中可知，为提高静特性硬度，希望系统的开环放大系数 K 大些，但 K 大到一定值时会引起系统的不稳定。因此由系统稳态误差要求所计算的 K 值还必须按系统稳定性条件进行校核，必须兼顾静态和动态两种特性。

例 2-2 某设备拖动电动机为 Z2-93 型直流电动机，主要参数如下：$P_N=60$ kW，$U_N=220$ V，$I_N=305$ A，$n_N=1000$ r/min，电枢电阻 $R_a=0.08\ \Omega$，整流器内阻和平波电抗器电阻为 $0.1\ \Omega$，$C_e=0.2$，$T_m=0.097$ s，$T_L=0.012$ s，$T_s=0.017$ s。要求 $D=20$，$s\leqslant 5\%$，问系统能否满足要求？

解：(1) 由静态指标求闭环系统开环放大系数。

系统开环额定转速降

$$\Delta n_{op}=\frac{I_d R}{C_e}=\frac{305\times(0.08+0.1)}{0.2}\ \text{r/min}=274.5\ \text{r/min}$$

满足静态指标的闭环系统转速降

$$\Delta n_{cl}=\frac{n_N s}{D(1-s)}=\frac{1000\times 0.05}{20\times(1-0.05)}\ \text{r/min}=2.63\ \text{r/min}$$

由于

$$\Delta n_{cl}=\frac{\Delta n_{op}}{1+K}$$

所以

$$K=\frac{\Delta n_{op}}{\Delta n_{cl}}-1=\frac{274.5}{2.63}-1=103.4$$

(2) 从系统稳定性条件，计算 K

$$K<\frac{T_m(T_s+T_L)+T_s^2}{T_s T_L}=\frac{0.097\times(0.012+0.017)+0.017^2}{0.012\times 0.017}=15.2$$

显然，若满足静态性能指标，系统将是不稳定的，说明静态精度与动态稳定性是相互矛盾的。

2.2.4 单闭环无静差调速系统

在单闭环有静差调速系统中，由于采用比例调节器，稳态时转速只能接近给定值，而不可能完全等于给定值。提高增益只能减小静差而不能消除静差。为了完全消除静差，实现转速无静差调节，根据自动控制理论，可以在调速系统中引入积分控制规律，用积分调节器或比例-积分调节器代替比例调节器。利用积分控制不仅靠偏差本身，还能靠偏差的积累产生控制电压 U_{ct}，实现静态的无偏差。

1. 积分(I)调节器

积分调节器电路如图 2-17(a)所示，其传递函数为

$$W_I(s)=\frac{U_o(s)}{U_i(s)}=\frac{\frac{1}{C_f s}}{R_0}=\frac{1}{\tau_I s} \tag{2-27}$$

式中：$\tau_1=C_fR_0$ 为积分时间常数。积分环节的阶跃响应是随时间线性增长的直线，但输出量受输出限幅电路限制。

积分调节器有三个重要特点：

(1) 延缓性，突加输入 U_i 时，输出 U_o 不能突变，只能从初值按积分时间常数 τ_1 变化；

(2) 积累性，只要 $U_i\neq0$，U_o 逐渐递增，增长速率由积分时间常数 τ_1 控制；

(3) 记忆性，当输入 U_i 从某个值变化到 $U_i=0$ 时，输出 U_o 不是为零，而是保持某一固定值，具有记忆或保持作用。

积分调节器的输入输出特性曲线如图 2-17(b)所示。

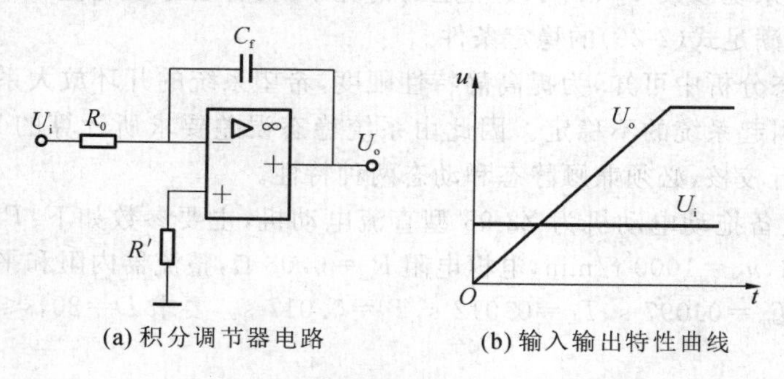

(a) 积分调节器电路　　(b) 输入输出特性曲线

图 2-17　积分调节器及其输入输出特性

2. 比例-积分(PI)调节器

(1) 比例-积分调节器电路。

比例-积分调节器电路如图 2-18(a)所示，其传递函数为

$$W_{PI}(s)=\frac{U_o(s)}{U_i(s)}=\frac{R_1+\dfrac{1}{C_1s}}{\rho R_0}=\frac{R_1}{\rho R_0}+\frac{1}{\rho R_0C_1s}=K_p\frac{\tau s+1}{\tau s} \tag{2-28}$$

式中：$\tau=R_1C_1$ 为 PI 调节器的超前时间常数；$K_p=\dfrac{R_1}{\rho R_0}$ 为 PI 调节器的比例部分放大常数。

当输入阶跃函数，其输出

$$U_o=(K_p+\frac{t}{\tau_1})U_i$$

式中：$\tau_1=\rho R_0C_1$ 为 PI 调节器的积分时间常数。

比例-积分调节器的输入输出特性曲线如图 2-18(b)所示。应该指出的是，PI 调节器由比例和积分两部分组成，它兼顾了比例调节器和积分调节器的优点，是一种应用十分广泛的调节方式。

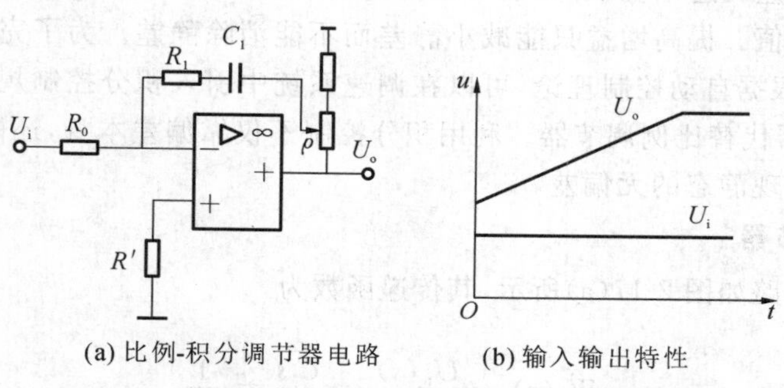

(a) 比例-积分调节器电路　　(b) 输入输出特性

图 2-18　比例-积分调节器及其输入输出特性

(2) 带输出限幅电路的 PI 调节器。

一般输出限幅电路分内限幅和外限幅两种。图 2-19(a)所示为外限幅电路。其中 VD1、R_{p1} 产生正限幅，VD2、R_{p2} 产生负限幅，R_{lim} 为限流电阻。正、负限幅电压分别为

$$U_{+}=U_{M}+U_{VD1}$$

$$U_{-}=U_{N}+U_{VD2}$$

式中：U_M、U_N 为电位器 M、N 点电位；U_{VD1}、U_{VD2} 分别为二极管正向管压降。

此电路缺点：仅限制输出电压，而运算放大器仍上升至饱和，当需要输出电压下降时，存在退饱和的放电时间，动态过程受影响。

图 2-19(b)所示为内限幅电路，又称反馈限幅电路。采用两个对接的稳压二极管并接在反馈阻抗两端，输出限幅电压由稳压二极管反向击穿电压提供，线路简单，但是电路本身不能调节限幅电压值，要通过更换稳压二极管来实现。

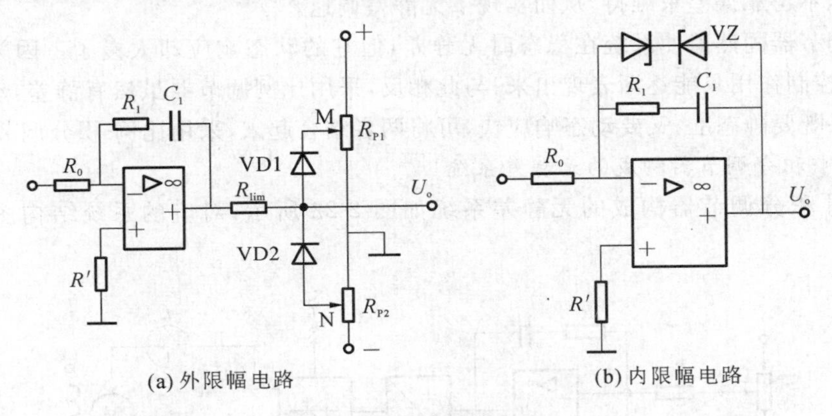

图 2-19　输出限幅电路

3. 采用积分调节器和比例-积分调节器的单闭环无静差调速系统

1) 积分调节器构成的无静差系统

有静差调速系统无法消除 Δn_{cl}，当把比例调节器换成积分调节器后，这一情况马上得以改观。无静差调速系统原理图如图 2-20 所示，对应的系统结构图如图 2-21 所示。

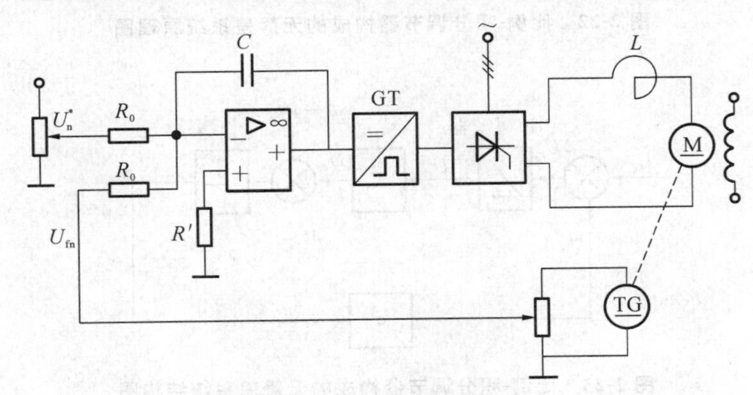

图 2-20　积分调节器无静差调速系统原理图

积分调节器的输入为给定电压 U_n^* 和反馈电压 U_{fn} 的偏差 ΔU_n，输出量为控制电压 U_{ct}。由于积分控制不仅靠偏差 ΔU_n 的数值，还决定于 ΔU_n 的累积，只要有过 ΔU_n，即使现在

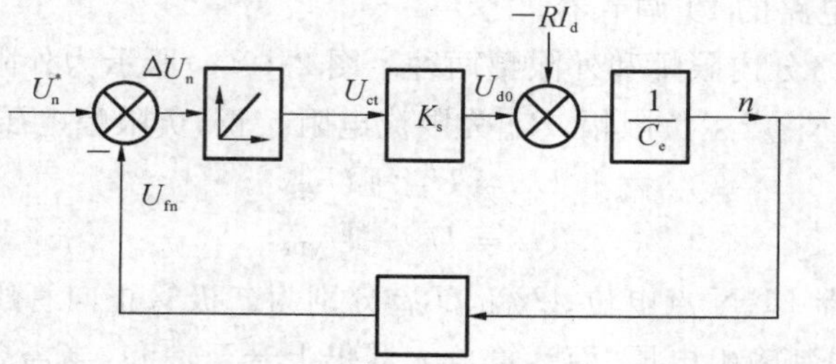

图 2-21　积分调节器无静差调速系统结构图

$\Delta U_n = 0$，根据其记忆性，$\int \Delta U_n \mathrm{d}t$ 仍存在，仍能输出控制电压 U_{ct}，保证系统恒速运行，即稳态时控制电压不再靠偏差来维持，从而实现了无静差调速。

积分调节器固然能使系统在稳态时无静差，但它的动态响应却太慢了。因为积分增长需要时间，控制作用只能逐渐表现出来；与此相反，采用比例调节器虽然有静差，动态反应却较快。如果既要静态准，又要动态响应快，可将两者结合起来，采用比例-积分调节器。

2）比例-积分调节器构成的无静差系统

由比例-积分调节器构成的无静差系统如图 2-22 所示，对应的系统结构图如图 2-23 所示。

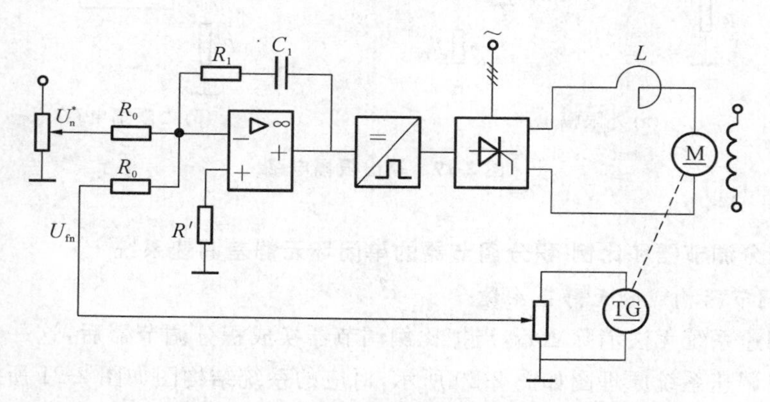

图 2-22　比例-积分调节器构成的无静差系统原理图

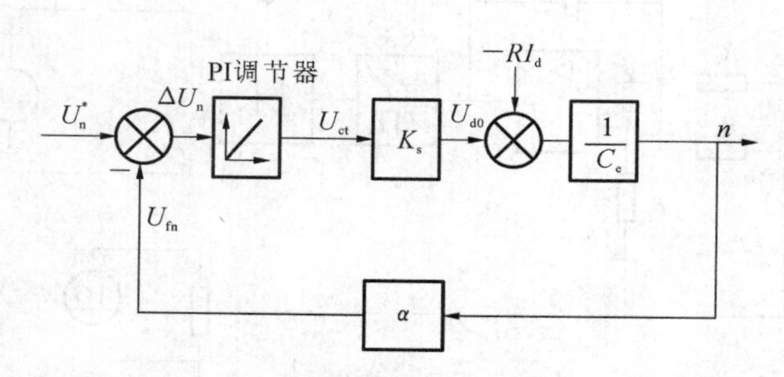

图 2-23　比例-积分调节器构成的无静差系统结构图

前面已分析过比例-积分调节器，它的输出电压由比例和积分两部分叠加而成。在 PI 调节器突加给定信号时，由于电容 C_1 两端电压不能突变，相当于电容电压瞬间短路，调节器瞬间作用是比例调节器，系数为 K_p，其输出电压 $U_{ct} = K_p U_i$，实现快速控制，发挥了比例控制的优点。此后随着 C_1 被充电，输出电压 U_{ct} 开始积分，其数值不断增长，直到稳态。稳态时，C_1 两端电压等于 U_{ct}，则 R_1 的比例已不起作用，又和积分调节器性能相同，发挥了积分控制的长处，实现无静差。比例-积分调节器，在动态到静态的过程中放大倍数自动可变，动态时小，静态时大，从而解决了动态稳定性和快速性与静态精度之间的矛盾。

由系统的结构图图 2-23 可见，系统中的主要扰动是负载扰动 ΔI_{dL}，其次是电网电压扰动 ΔU_d。下面分析比例-积分调节器构成的无静差调速系统抗负载扰动过程。

当负载突然增大，电动机轴上转矩失去平衡，转速下降，使 PI 调节器的输入 $\Delta U_n = U_n^* - U_{fn} > 0$，调节器的比例部分首先起作用，$U_{ct}$ 增大，晶闸管整流输出电压增加，阻止转速进一步减小，同时随着电枢电流增加，电磁力矩增加，使转速回升。随着转速的回升，转速偏差不断减小，同时 ΔU_n 也不断减小，这时调节器的积分部分起作用，最后保证转速恢复到原来的稳态值，完成了无静差调速过程。而整流输出电压却提高了 ΔU_{d0}，以补偿由于负载增加所引起的主电路压降 ΔRI_d。图2-24表示无静差系统的抗扰动过程。

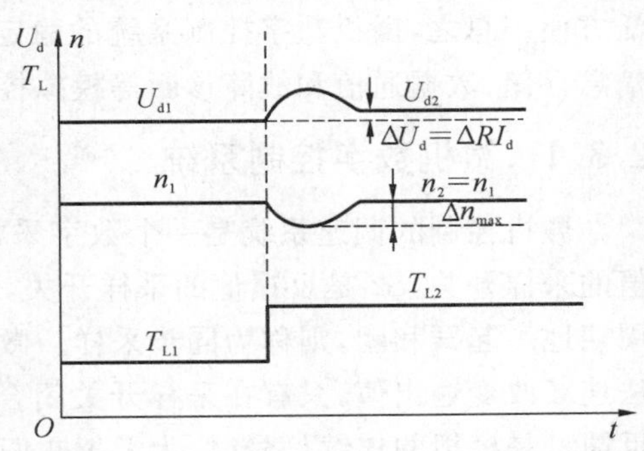

图 2-24　无静差系统抗扰动过程

实际工程中，无静差系统动态还是有静差的，严格来讲“无静差”只是理论上的。因为积分调节器和比例-积分调节器在稳态时电容两端电压不变，相当于开路，运放处于开环状态，其放大倍数很大，但还是有限值。因此仍然存在很小的 ΔU_n，也就是说仍然有很小的静差 Δn，只是在一般精度要求下可忽略。

3) 带电流截止保护的无静差调速系统

很多生产设备需要直接加阶跃给定信号，以实现快速启动的目的。由于系统的机械惯性较大，电动机转速不能立即建立起来，尤其启动初期转速反馈信号 $U_{fn}=0$，加在比例调节器输入端的转速偏差信号 $\Delta U_n = U_n^* - 0$ 是稳态时的$(1+K)$倍，造成整流电压 U_{d0} 达到满压启动，直流电动机的启动电流高达额定电流的几十倍，过电流保护继电器会使系统跳闸，电动机无法启动。此外，当电流和电流上升率过大，从直流电动机换向及晶闸管元件的安全要求来讲也是不允许的。因此引入电流自动控制，限制启动电流，使其不超出电动机过载能力的允许限度。

根据反馈控制理论，要限制电流，则在系统中引入电流负反馈。但电流负反馈在限流的同时，会使系统的特性变软。为解决限流保护和静特性之间出现的矛盾，系统可采用电流负反馈截止环节，即需增设两个环节：其一为反映电枢电流的检测环节（直流电流互感器），构成电流反馈闭环；其二为反映电流允许值的阈值电平检测环节（稳压二极管）。详细阐述见2.4 节。

 2.3　直流调速系统的数字控制

直流调速系统从开环发展到闭环，其中的关键是由运算放大器等模拟电子电路所组成的调节器所起的作用。它把转速给定量和实际转速反馈量进行比较后，控制电动机的转速。这类系统的给定和反馈都是用模拟量的形式给出的，称为模拟控制直流调速系统。闭环直流调速系统能抑制被反馈通道包围的前向通道上的扰动，如负载的扰动、调节器放大倍数的漂移、电网电压的波动等。但是对于系统给定和反馈通道的扰动，系统却无能为力。转速检

测装置的误差，使得反馈电压不能反映真实的转速值；而转速给定装置的误差，使得已选定的给定电压值发生变化。这两种误差都会使转速偏离所需要的值，因此，模拟控制直流调速系统难以达到很高的调速精度。

以微处理器为核心的数字控制系统（简称微机数字控制系统）硬件电路的标准化程度高，制作成本低，且不受器件温度漂移的影响；其控制软件能够进行逻辑判断和复杂运算，可以实现不同于一般线性调节的最优化、自适应、非线性、智能化等控制规律，而且更改起来灵活方便。总之，微机数字控制系统的稳定性好，可靠性高，可以提高控制性能，此外，还拥有信息存储、数据通信和故障诊断等模拟控制系统无法实现的功能。

2.3.1 微机数字控制系统

微机控制的调速系统是一个数字采样系统，它的原理如图 2-25 所示。其中 S1 是给定值的采样开关，S2 是反馈值的采样开关，S3 是输出值的采样开关。若所有的采样开关是等周期地一起开和闭，则称为同步采样。微型计算机无法连续输入给定信号和反馈信号，也无法连续改变输出值，只有在采样开关闭合时才能输入和输出信号。当控制系统的控制量和反馈量是模拟的连续信号时，为了把它们输入计算机，只能在采样时刻对模拟的连续信号进行采样，把连续信号变成脉冲信号，即离散的模拟信号，这就是信号的离散化。信号的离散化是微机数字控制系统的第一个特点。

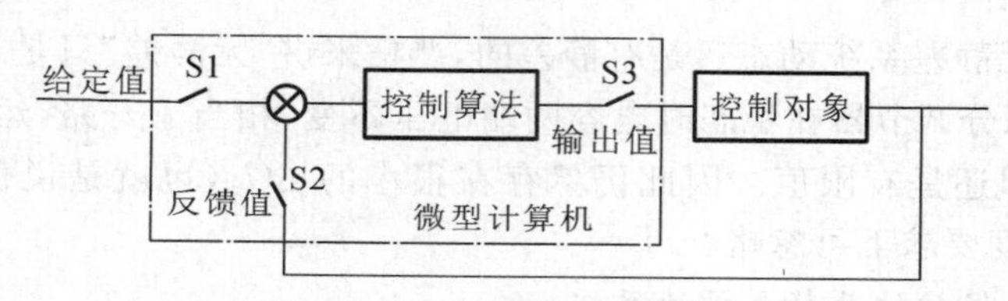

图 2-25 微型计算机采样控制系统框图

采样后得到的离散模拟信号本质上还是模拟信号，不能直接送入计算机，还须经过数字量化，即用一组数码（如二进制数）来逼近离散模拟信号的幅值，将它转换成数字信号，这就是信号的数字化。信号的数字化是微机数字控制系统的第二个特点。

信号的离散化和数字化导致了信号在时间上和量值上的不连续性，因为数码总是有限的，用数码来逼近模拟信号是近似的，会产生量化误差。微机输出的信号需经过数模转换器或保持器转换为模拟信号，而保持器的存在会提高控制系统传递函数分母的阶次，减小系统的稳定裕度。

为了使离散的数字信号能够不失真地复现连续的模拟信号，对系统的采样频率有一定的要求。根据香农（Shannon）采样定理：如果模拟信号的最高频率为 f_{max}，只要按照采样频率 $f \geqslant 2f_{max}$ 进行采样，那么取出的样品序列就可以代表（或恢复）模拟信号。可见随着控制对象的不同，系统所要求的最低的采样频率也不同。

在工业过程控制中，控制对象是流量、压力、液位和温度等，这些物理量的变化速度较为缓慢，采样频率可以较低。而在电动机调速系统中，控制对象是电动机的转速和电流，它们都是快速变化的物理量，必须具有较高的采样频率。所以微型计算机控制的直流调速系统是一种快速数字采样系统，它要求微型计算机在较短的采样周期之内，完成信号的转换、采集，完成按某种控制规律实施的控制运算，完成控制信号的输出，对微型计算机的运算速度和精度都有较高的要求。

2.3.2 信号的数字检测

在微机数字控制系统中，通常需要将检测的模拟量信号（转速和电流）转换为数字量信号。其中应用较多的是数字测速，它具有测速精度高、分辨能力强、受器件影响小等优点。

1. 旋转编码器

光电式旋转编码器是检测转速或转角的元件，旋转编码器与电动机相连，当电动机转动时，带动编码器旋转，产生转速或转角信号。旋转编码器可分为绝对式和增量式两种。绝对式编码器在码盘上分层刻上表示角度的二进制数码或循环码（格雷码），通过接收器将该数码送入计算机。绝对式编码器常用于检测转角，若需得到转速信号，必须对转角进行微分。增量式编码器在码盘上均匀地刻制一定数量的光栅（见图 2-26），当电动机旋转时，码盘随之一起转动。通过光栅的作用，持续不断地开放或封闭光通路，因此，在接收装置的输出端便得到频率与转速成正比的方波脉冲序列，从而可以计算转速。

上述脉冲序列能正确反映转速的高低，但不能鉴别转向。为了获得转速的方向，可增加一对发光与接收装置，使两对发光与接收装置错开光栅节距的 1/4，则两组脉冲序列 A 和 B 的相位相差$\frac{\pi}{2}$，如图 2-27 所示。正转时 A 相超前 B 相；反转时 B 相超前 A 相。采用简单的鉴相电路就可以分辨出转向。

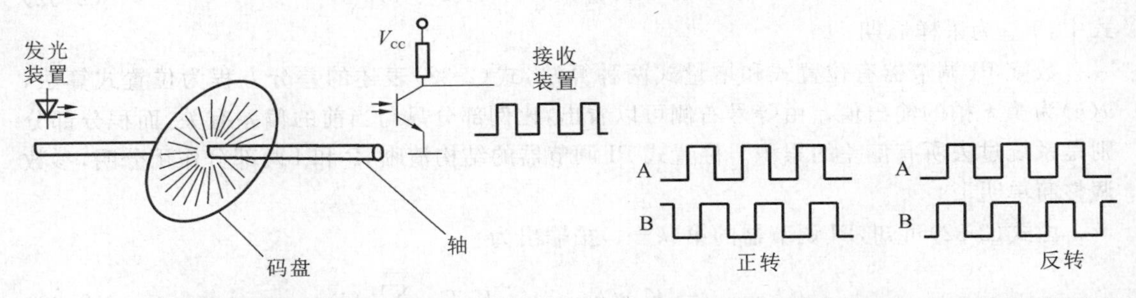

图 2-26　增量式旋转编码器示意图　　**图 2-27　区分旋转方向的 A、B 两组脉冲序列**

若码盘的光栅数为 N，则转速分辨率为 $1/N$。常用的增量式旋转编码器光栅数有 1024、2048、4096 等。再增加光栅数，将大大增加旋转编码器的制作难度和成本。采用倍频电路可以有效地提高转速分辨率，而不增加旋转编码器的光栅数，一般多采用四倍频电路，大于四倍频则较难实现。

2. 数字测速方法的精度指标

1）*分辨率*

分辨率是用来衡量测速方法对被测转速变化的分辨能力，在数字测速方法中，用改变一个计数值所对应的转速变化量来表示分辨率，用符号 Q 表示。当被测转速由 n_1 变为 n_2 时，引起计数值增量为 1，则该测速方法的分辨率是

$$Q = n_2 - n_1 \tag{2-29}$$

分辨率 Q 越小，说明测速装置对转速变化的检测越敏感，从而测速的精度也越高。

2）*测速误差率*

转速实际值和测量值之差 Δn 与实际值 n 之比定义为测速误差率，记作

$$\delta = \frac{\Delta n}{n} \times 100\% \tag{2-30}$$

测速误差率反映了测速方法的准确性，δ 越小，准确度越高。测速误差率的大小决定于测速元件的制造精度，并与测速方法有关。

2.3.3 数字 PI 调节器

PI 调节器是电力传动自动控制系统中最常用的一种控制器，在微机数字控制系统中，当采样频率足够高时，可以先按模拟系统的设计方法设计调节器，然后再离散化，得到数字控制器的算法，这就是模拟调节器的数字化。

PI 调节器的传递函数如式(2-28)所示，现再列出如下

$$W_{PI}(s)=K_p\frac{\tau s+1}{\tau s}$$

若输入误差函数为 $e(t)$，输出函数为 $u(t)$，则 $u(t)$ 和 $e(t)$ 关系的时域表达式可写成

$$u(t)=K_pe(t)+\frac{1}{\tau}\int e(t)\mathrm{d}t=K_pe(t)+K_i\int e(t)\mathrm{d}t \tag{2-31}$$

式中：K_p 为比例系数；K_i 为积分系数，$K_i=1/\tau$。

将式(2-31)转换为差分方程，得数字 PI 调节器的表达式，其第 k 拍输出为

$$\begin{aligned}u(k)&=K_pe(k)+K_iT_{sam}\sum_{i=1}^{k}e(i)=K_pe(k)+u_i(k)\\&=K_pe(k)+K_iT_{sam}e(k)+u_i(k-1)\end{aligned} \tag{2-32}$$

式中：T_{sam} 为采样周期。

数字 PI 调节器有位置式和增量式两种算法，式(2-32)表述的差分方程为位置式算法，$u(k)$ 为第 k 拍的输出值。由等号右侧可以看出，比例部分只与当前的偏差有关，而积分部分则是系统过去所有偏差的累积。位置式 PI 调节器的结构清晰，P 和 I 两部分作用分明，参数调整简单明了。

由式(2-32)可知，PI 调节器的第$(k-1)$拍输出为

$$u(k-1)=K_pe(k-1)+K_iT_{sam}\sum_{i=1}^{k-1}e(i) \tag{2-33}$$

由式(2-32)减去式(2-33)，可得 PI 调节器输出增量

$$\Delta u(k)=u(k)-u(k-1)=K_p[e(k)-e(k-1)]+K_iT_{sam}e(k) \tag{2-34}$$

增量式算法只需要当前的和上一拍的偏差即可计算输出值。增量式 PI 调节器算法为

$$\begin{aligned}u(k)&=u(k-1)+\Delta u(k)\\&=u(k-1)+K_p[e(k)-e(k-1)]+K_iT_{sam}e(k)\end{aligned} \tag{2-35}$$

只要在计算机中多保存上一拍的输出值就可以了。

在控制系统中，常需对调节器的输出实施限幅。在数字控制算法中，要对 u 限幅，只需在程序内设置限幅值 $\pm u_m$，当 $|u(k)|>u_m$ 时，便以限幅值 $\pm u_m$ 作为输出。不考虑限幅时，位置式和增量式两种算法完全等同，考虑限幅时，则两者略有差异。增量式 PI 调节器算法只需输出限幅，而位置式算法必须同时设积分限幅和输出限幅，缺一不可。若没有积分限幅，积分项可能很大，将产生较大的退饱和超调。

2.4 带电流截止环节的直流调速系统

2.4.1 转速反馈控制直流调速系统的过流保护

转速反馈控制直流调速系统把转速作为系统的被调节量，检测误差，纠正误差，有效地

解决了调速范围和静差率的矛盾，抑制直至消除扰动造成的影响。在采用了比例-积分调节器后，又能实现无静差。而数字控制又为提高调速精度提供了条件。然而转速反馈控制的直流调速系统还存在一个问题：在启、制动过程中和堵转状态时，必须限制电枢电流。

在转速反馈控制直流调速系统上突加给定电压时，由于惯性的作用，转速不可能立即建立起来，反馈电压为零，相当于偏差电压 $\Delta U_n = U_n^*$，调节器的输出是 $K_p U_n^*$。这时，由于放大器和变换器的惯性都很小，电枢电压 U_d 立即达到它的最高值，对电动机来说，相当于全压启动，会造成电动机过电流，这当然是不允许的。

当直流电动机堵转时，也会遇到过电流问题。如挖土机由于机械故障或运行时碰到坚硬的石块，电动机会堵转。根据系统的静特性，电流将远远超过允许值。如果只依靠过电流继电器或熔断器来保护，产生过电流时就跳闸，会给正常工作带来不便。

为了解决转速反馈闭环调速系统启动和堵转时电流过大的问题，系统中必须有自动限制电枢电流的环节。引入电流负反馈，可以使它不超过允许值。但这种作用只应在启动和堵转时存在，在正常稳速运行时得取消，让电流随着负载的增减而变化。这样的当电流大到一定程度时才出现的电流负反馈，叫作电流截止负反馈。

2.4.2 带电流截止环节的直流调速系统分析

1. 电流截止负反馈环节

直流调速系统中的电流截止负反馈环节如图 2-28 所示，电流反馈信号取自串入电动机电枢回路中的小阻值电阻 R_s，$I_d R_s$ 正比于电流。设 I_{dcr} 为临界的截止电流，当电流大于 I_{dcr} 时，将电流负反馈信号加到放大器的输入端；当电流小于 I_{dcr} 时，将电流反馈切断。为了实现这一作用，需引入比较电压 U_{com}。图 2-28(a)中用独立的直流电源作为比较电压，其大小可用电位器调节，相当于调节截止电流。在 $I_d R_s$ 与 U_{com} 之间串接一个二极管 VD，当 $I_d R_s > U_{com}$ 时，二极管导通，电流负反馈信号 U_i 即可加到放大器上去；当 $I_d R_s \leqslant U_{com}$ 时，二极管截止，U_i 即消失。显然，在这一线路中，截止电流 $I_d = U_{com}/R_s$。图 2-28(b)中利用稳压管 VS 的击穿电压 U_{br} 作为比较电压 U_{com}，线路要简单得多，但不能平滑调节截止电流值。用微机软件实现电流截止时，只要采用条件语句即可，显然要比模拟控制简单得多。

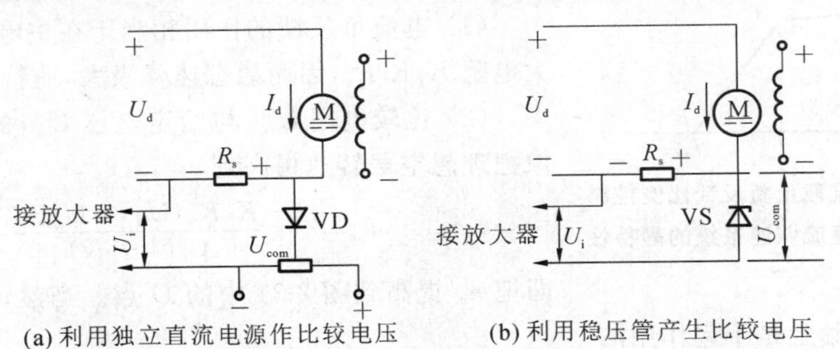

(a) 利用独立直流电源作比较电压　　(b) 利用稳压管产生比较电压

图 2-28　电流截止负反馈环节

电流截止负反馈环节的输入输出特性如图 2-29 所示，当输入信号 $I_d R_s - U_{com} > 0$ 时，输出 $U_i = I_d R_s - U_{com}$；当 $I_d R_s - U_{com} \leqslant 0$ 时，输出 $U_i = 0$。这是一个两段线性环节，将它画在方框中，再和系统其他部分的框图连接起来，即得带电流截止负反馈的闭环直流调速系统稳态结构框图，如图 2-30 所示，图中 U_i 表示电流负反馈，U_{fn} 表示转速负反馈。

2. 带电流截止负反馈比例控制闭环直流调速系统的稳态结构框图和静特性

带电流截止负反馈的闭环直流调速系统稳态结构图如图 2-30 所示，当 $I_d \leqslant I_{dcr}$ 时，电流负反馈被截止，静特性与只有转速负反馈调速系统的静特性相同[见式(2-8)]，现重写如下

$$n = \frac{K_p K_s U_n^*}{C_e(1+K)} - \frac{RI_d}{C_e(1+K)}$$

当 $I_d > I_{dcr}$ 时，引入了电流负反馈，静特性变成

$$\begin{aligned} n &= \frac{K_p K_s U_n^*}{C_e(1+K)} - \frac{K_p K_s}{C_e(1+K)}(R_s I_d - U_{com}) - \frac{RI_d}{C_e(1+K)} \\ &= \frac{K_p K_s (U_n^* + U_{com})}{C_e(1+K)} - \frac{(R + K_p K_s R_s) I_d}{C_e(1+K)} \end{aligned} \tag{2-36}$$

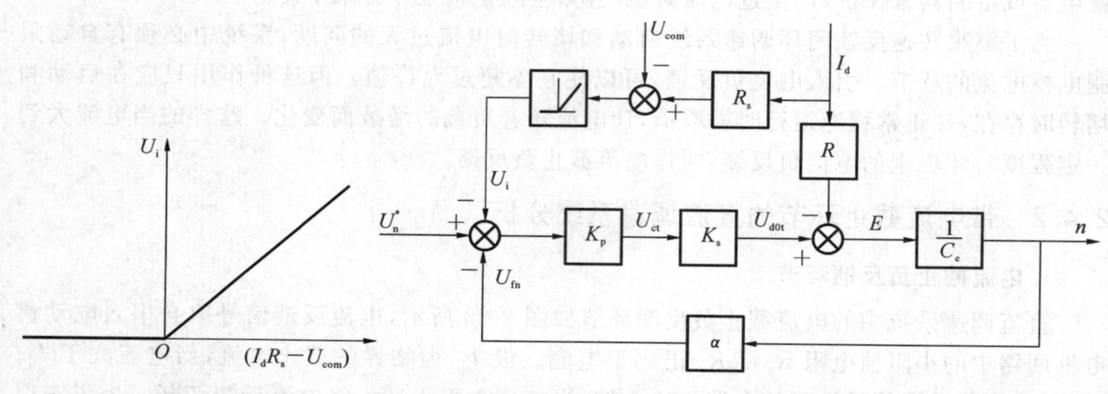

图 2-29 电流截止负反馈环节的输入输出特性

图 2-30 带电流截止负反馈的闭环直流调速系统稳态结构框图

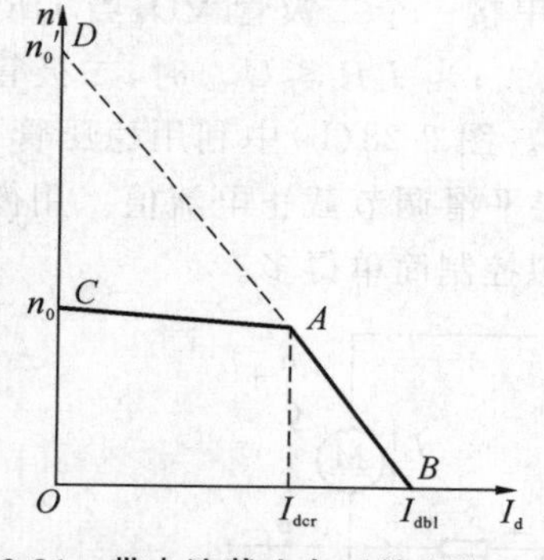

图 2-31 带电流截止负反馈比例控制闭环直流调速系统的静特性

对应式(2-8)和式(2-36)的静特性如图 2-31 所示。

电流负反馈被截止的式(2-8)相当于图 2-31 中的 CA 段，它就是闭环调速系统本身的静特性，显然是比较硬的。电流负反馈起作用后，相当于图中的 AB 段。从式(2-36)可以看出，AB 段特性和 CA 段相比有两个特点：

(1) 电流负反馈的作用相当于在主电路中串入一个大电阻 $K_p K_s R_s$，因而稳态速降极大，使特性急剧下垂。

(2) 比较电压 U_{com} 与给定电压 U_n^* 的作用一致，好像把理想空载转速提高到

$$n_0' = \frac{K_p K_s (U_n^* + U_{com})}{C_e(1+K)} \tag{2-37}$$

即把 n_0' 提高到图 2-31 中的 D 点。当然，图中用虚线画出的 DA 段实际上是不起作用的。

这样的两段式静特性常称作下垂特性或挖土机特性。工程中，当挖土机遇到坚硬的石块而过载时，即使电动机停转，电流也不过是堵转电流 I_{dbl}，在式(2-36)中，令 $n=0$，得

$$I_{dbl} = \frac{K_p K_s (U_n^* + U_{com})}{R + K_p K_s R_s} \tag{2-38}$$

一般 $K_p K_s R_s \gg R$，因此

$$I_{dbl} \approx \frac{U_n^* + U_{com}}{R_s} \tag{2-39}$$

I_{dbl}应小于电动机允许的最大电流，一般为$(1.5\sim2)I_N$。另一方面，从调速系统的稳态性能上看，希望CA段的运行范围足够大，截止电流I_{dcr}应大于电动机的额定电流，例如，取$I_{dcr}\geqslant(1.1\sim1.2)I_N$。这些就是设计电流截止负反馈环节参数的依据。

3. 带电流截止的无静差直流调速系统

图 2-32 所示是带电流截止的无静差直流调速系统，采用 PI 调节器以实现无静差，采用电流截止环节来限制电枢电流。TA 为检测电流的交流互感器，经整流后得到电流反馈信号U_i。当电流达到截止电流I_{dcr}时，U_i高于稳压管 VS 的击穿电压，使晶体管 VT 导通，忽略晶体管 VT 的导通压降，则 PI 调节器的输出电压$U_{ct}=0$为零，电力电子变换器 UPE 的输出电压$U_d=0$，达到限制电流的目的。

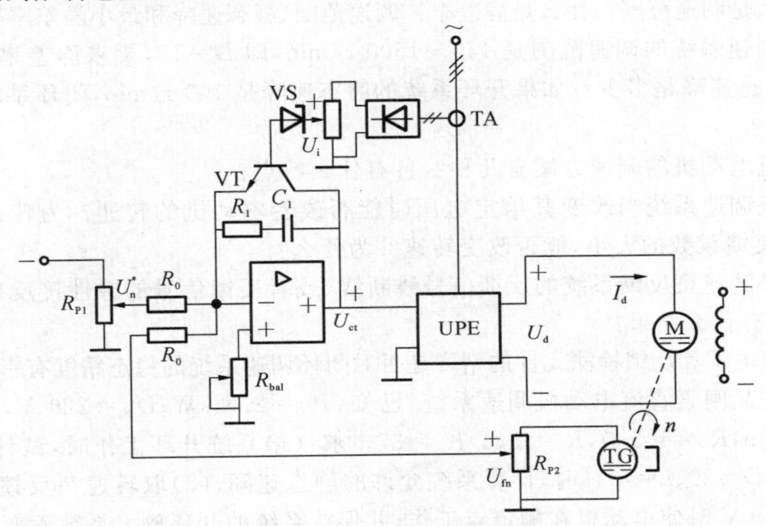

图 2-32　带电流截止的无静差直流调速系统

当电动机电流低于其截止值时，上述系统的稳态结构框图如图 2-33 所示，其中代表 PI 调节器的方框中无法用放大系数表示，画出它的输出特性，以表明是比例-积分作用。上述无静差调速系统的理想静特性如图 2-34 所示。当$I_d<I_{dcr}$时，系统无静差，静特性是不同转速的一组水平线。当$I_d=I_{dcr}$时，电流截止起作用。

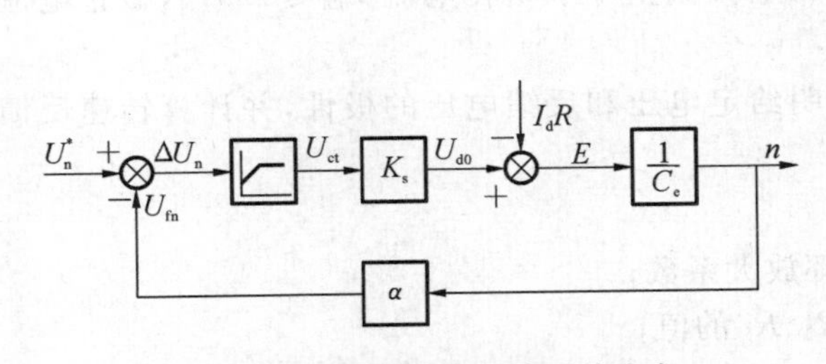

图 2-33　无静差直流调速系统稳态结构框图（$I_d<I_{dcr}$）

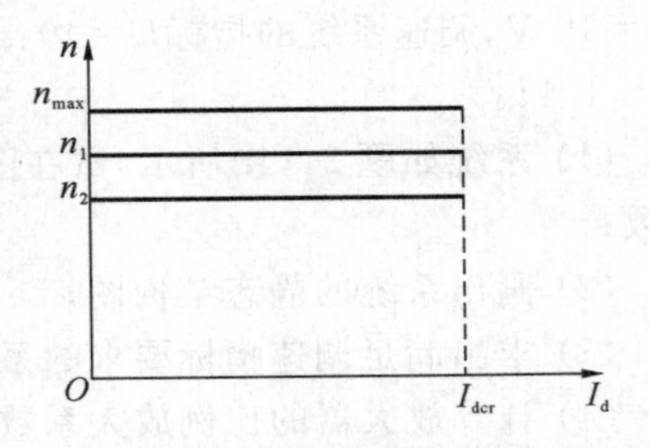

图 2-34　带电流截止的无静差直流调速系统的静特性

无静差调速系统的稳态参数计算很简单，在理想情况下，稳态时$\Delta U_n=0$，因而$U_n=U_n^*$，可以按下式直接计算转速反馈系数

$$\alpha=\frac{U_{nmax}^*}{n_{max}} \tag{2-40}$$

式中：n_{max}为电动机调压时的最高转速；U^*_{nmax}为相应的最高给定电压。

电流截止环节的参数能很容易根据其电路和截止电流 I_{dcr} 值计算出来。

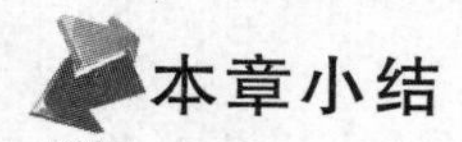

本章小结

本章首先介绍了调速的定义、方法、性能指标以及直流调速系统采用的可控直流电源；接着重点介绍单闭环直流调速有静差、无静差系统以及动、静态分析；然后介绍了直流调速系统的数字控制；最后介绍带电流截止环节的直流调速系统。

本章习题

2-1 什么是调速范围？什么是静差率？调速范围、静态速降和最小静差率有什么关系？

2-2 某调速系统的调速范围是 150～1500 r/min，即 $D=10$，要求静差率 $s=3\%$，此时系统允许的静态速降是多少？如果开环系统的静态速降是 100 r/min，闭环系统的开环放大系数应有多大？

2-3 直流电动机的调速方案有几种？各有什么特点？

2-4 直流调速系统当改变其给定电压时能否改变电动机的转速？为什么？若给定电压不变，改变反馈系数的大小，能否改变转速？为什么？

2-5 如果转速负反馈系统的反馈信号线断线（或者反馈信号的极性接反），在系统运行中或启动时会有什么结果？

2-6 给定电源和反馈检测元件的精度是否对闭环调速系统的稳态精度有影响？为什么？

2-7 有一晶闸管直流电动机调速系统，已知：$P_N=2.8$ kW；$U_N=220$ V，$I_N=15.6$ A，$n_N=1500$ r/min，$R_a=1.5\ \Omega$，$R_s=1\ \Omega$，$K_s=37$。求：(1) 系统开环工作时，试计算 $D=30$ 时的 s 值；(2) 当 $D=30$、$s=10\%$时，计算系统允许的静态速降；(3) 取转速负反馈有静差系统，仍要在 $U^*_n=10$ V 时使电动机在额定点工作，并保持系统的开环放大系数不变，求 $D=30$ 时系统的静差率。

2-8 为什么用积分控制的调速系统是无静差的？积分调节器输入偏差电压 $\Delta U=0$ 时，输出电压是多少？

2-9 某调速系统已知数据如下：电动机 $P_N=30$ kW；$U_N=220$ V，$I_N=157.8$ A，$n_N=1000$ r/min，$R_a=0.1\ \Omega$，整流电路为三相桥式，$K_s=45$，$R_s=0.3\ \Omega$，调节器为比例调节器，输入电阻 $R_i=0.5\sim2$ MΩ。当主电路电流为最大时，电流检测输出电压为 8 V，最大给定电压 $U^*_n=10$ V，调速系统的指标 $D=40$、$s<10\%$，电流截止环节堵转电流 $I_{dbl}\leqslant1.5I_N$，截止电流 $I_{dcr}\leqslant1.1I_N$。

(1) 系统如题 2-9 图所示，试在图中标明给定电压和反馈电压的极性，并计算转速反馈系数；

(2) 画出系统的静态结构图；

(3) 求出满足调速指标要求的系统开环放大系数；

(4) 计算放大器的比例放大系数 K_p、R_0、R_f 的值；

(5) 确定 U_Z 的值。

2-10 在单闭环转速负反馈调速系统中，若引入电流负反馈环节，对系统的静特性有何影响？

2-11 PI 调节器与 I 调节器在电路中有何差异？它们的输出特性有何不同？为什么用 PI 调节器或 I 调节器构成的系统是无静差系统？

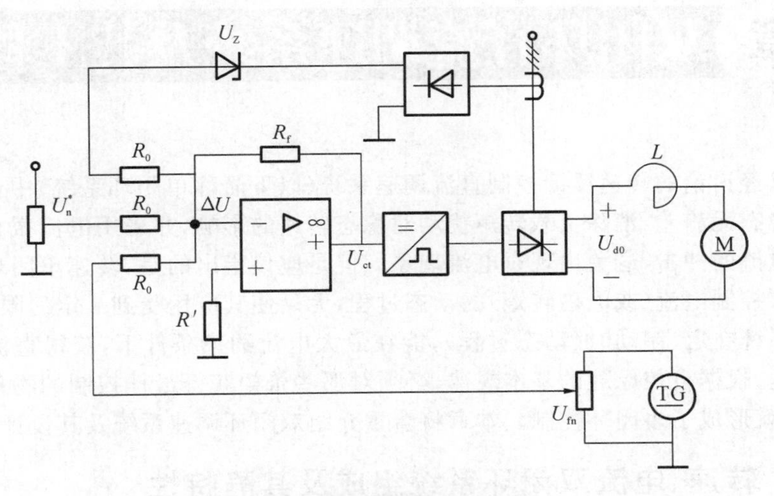

题 2-9 图　系统原理图

第3章 双闭环直流调速系统及其工程设计

第2章已经讨论的转速反馈控制直流调速系统(以下简称单闭环系统)中,采用PI调节器实现转速稳态无静差,消除负载转矩扰动对稳态转速的影响,并采用电流截止负反馈控制限制了电枢电流的冲击,避免出现过电流现象。但是应该指出的是,转速单闭环系统并不能按照理想要求控制电流(或电磁转矩)的动态过程,无疑使其应用受到一定的限制。

为了使系统在启、制动时(动态过程),能在最大电流约束条件下,获得直流电动机最佳速度调节过程,根据自控原理的基本规律,必须对那些希望获得最佳控制的物理量也实行负反馈控制,这就形成了多闭环控制。本章将着重介绍双闭环调速系统及其设计方法。

3.1 转速、电流双闭环系统组成及其静特性

3.1.1 转速、电流双闭环控制调速系统组成

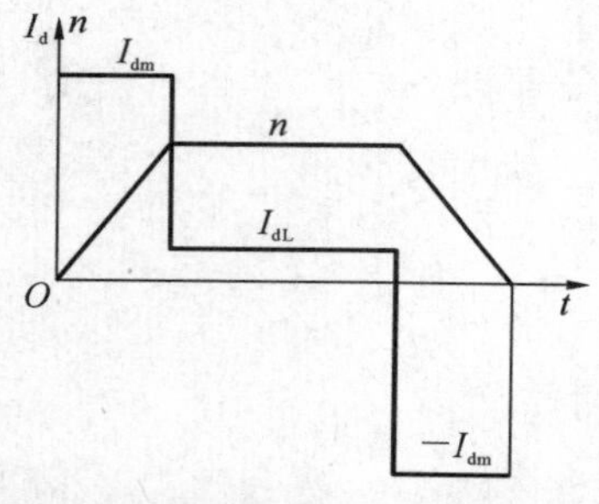

图3-1 时间最优的理想过渡过程

对于经常正、反转运行的调速系统,如龙门刨床、可逆轧钢机等,缩短启、制动过程的时间是提高生产率的重要因素。为此,在启动(或制动)过渡过程中,希望始终保持电流(电磁转矩)为允许的最大值,使调速系统以最大的加(减)速度运行。当达到稳态转速时,最好使电流立即降下来,使电磁转矩与负载转矩相平衡,从而迅速转入稳态运行。这类理想的启动(制动)过程如图3-1所示,启动电流呈矩形波,转速按线性增长。这是在最大电流(转矩)受限制时调速系统所能获得的最理想的动态(启、制动)过程。

实际上,由于主电路电感的作用,电流不可能突变,为了实现在允许条件下的最快启动,关键是要获得一段使电流保持为最大值 I_{dm} 的恒流过程。由反馈控制规律可知,系统要保持某个物理量基本不变,必须引入该物理量的负反馈,采用电流负反馈应该能够得到近似的恒流过程。问题是,在启动过程中应该只有电流负反馈,没有转速负反馈;在达到稳态转速后,又希望只有转速负反馈,不再让电流负反馈发挥作用。怎样才能做到这种既存在转速和电流两种负反馈,又使它们分别在不同的阶段起作用呢?显然,只用一个调节器是不可能实现的,因此本系统中设置两个调节器,分别控制转速和电流,并且将两个调节器实行串级连接。转速负反馈的闭环在外面,称为外环;电流负反馈的闭环在里面,称为内环。其原理图框图如图3-2所示。图中ASR为转速调节器,ACR为电流调节器,两个调节器互相配合、相辅相成。

为了使转速、电流双闭环调速系统具有良好的动、静态性能,电流、转速两个调节器一般采用PI调节器,且均采用负反馈。考虑到触发装置的控制电压为正电压,反相端输入信号的运算放大器又具有倒相作用,图3-2中标出了相应信号的实际极性。

3.1.2 转速、电流双闭环控制调速系统稳态分析

双闭环系统采用PI调节器,则其稳态时输入偏差信号一定为零,即给定信号与反馈信号的差值为零,属于无静差调节,下面分别介绍两个调节器的工作情况。

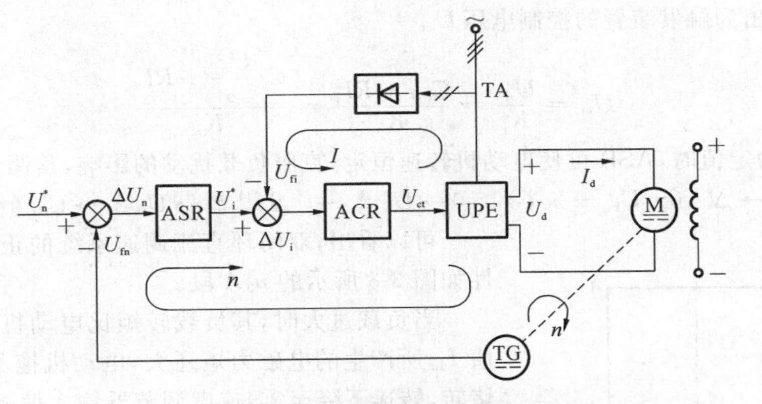

图 3-2　双闭环直流调速系统原理图框图

ASR—转速调节器　ACR—电流调节器　TG—测速发电机

TA—电流互感器　UPE—电力电子变换器　U_n^*—转速给定电压

U_{fn}—转速反馈电压　U_i^*—电流给定电压　U_{fi}—电流反馈电压

1. 电流调节环

电流环的给定信号是速度调节器的输出信号 U_i^*，电流环的反馈信号来自交流电流互感器及整流电路或霍尔电流传感器，其值 $U_{fi}=\beta I_d$，β 为电流反馈系数，则

$$\Delta U_i = U_i^* - U_{fi} = 0 \tag{3-1}$$

$$U_i^* = U_{fi} = \beta I_d$$

$$I_d = \frac{U_i^*}{\beta} \tag{3-2}$$

在 U_i^* 一定的条件下，在电流调节器的作用下，输出电流保持为 $\frac{U_i^*}{\beta}$ 值，而由电网电压波动引起的电流波动将被有效抑制。此外，由于限幅的作用，速度调节器的最大输出只能是限幅值 U_{im}^*。调整反馈环节的反馈系数 β，可使电动机的最大电流对应的反馈信号等于输入限幅值，即

$$U_{fim} = \beta I_{dm} = U_{im}^*$$

I_{dm} 取值应考虑电动机允许过载能力和系统允许最大加速度，一般为额定电流的 1.5～2 倍。

2. 速度调节环

速度环给定信号 U_n^*，反馈信号 $U_{fn}=\alpha n$，则稳态时

$$\Delta U_n = U_n^* - U_{fn} = 0$$

所以

$$U_n^* = U_{fn} = \alpha n$$

即

$$\alpha = \frac{U_n^*}{n} \tag{3-3}$$

ASR 的给定输入由稳压电源提供，其幅值不可能太大，一般在十几伏。当给定为最大值 U_{nmax}^* 时，电动机应达到最高转速，一般为电动机的额定转速 n_N。转速反馈为

$$\alpha = \frac{U_{nmax}^*}{n_N}$$

ACR 输出为触发装置的控制电压 U_{ct}

$$U_{ct}=\frac{U_{d0}}{K_s}=\frac{C_e n+RI_d}{K_s}=\frac{C_e\frac{U_n^*}{\alpha}+RI_d}{K_s} \tag{3-4}$$

当 U_n^* 为定值时，ASR 可使电动机转速恒定，克服负载扰动的影响，其调节过程如下：

$I_{dL}\uparrow\rightarrow n\downarrow\rightarrow\Delta U_n(=U_n^*-\alpha n\downarrow)>0\rightarrow U_i^*\uparrow\rightarrow|\Delta U_i|\uparrow\rightarrow U_{ct}\uparrow\rightarrow U_{d0}\uparrow\rightarrow I_d\uparrow\rightarrow n\uparrow$

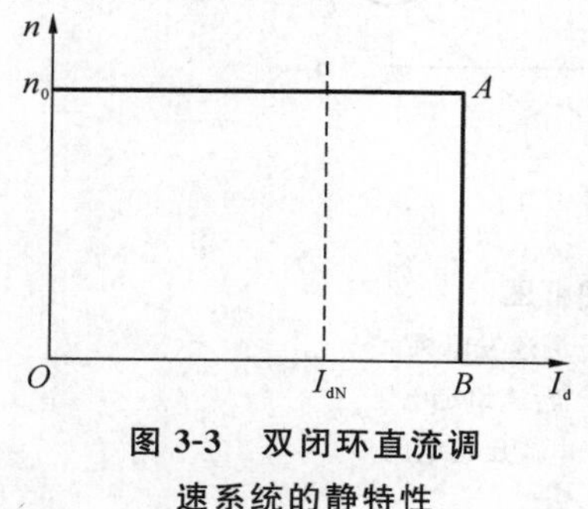

图 3-3　双闭环直流调速系统的静特性

可以看出，双闭环直流调速系统的正常工作段静特性如图 3-3 所示的 n_0A 段。

当负载过大时，其负载转矩比电动机电流最大允许值 I_{dm} 所产生的电磁力矩还大，电动机拖不动负载，发生堵转，转速下降至零，速度调节器输入偏差 $\Delta U_n=U_n^*$ 为最大值，ASR 饱和，输出为限幅值 U_{im}^*，ASR 失去调节作用，系统仅靠电流调节器的限流作用，使 $I_d=\frac{U_{im}^*}{\beta}$ 恒流调节，呈下垂特性，如图 3-3 所示的 AB 段。

双闭环调速系统的静特性在负载电流小于 I_{dm} 时转速无静差，转速负反馈起主要调节作用，工作段静特性很硬；而在负载达到 I_{dm} 时，转速调节器饱和，系统表现为电流无静差调节系统，具有过电流的自动保护，静特性为下垂特性。双闭环系统的静特性比带电流截止负反馈的单闭环系统静特性好。双闭环直流调速系统的稳态结构图如图 3-4 所示。

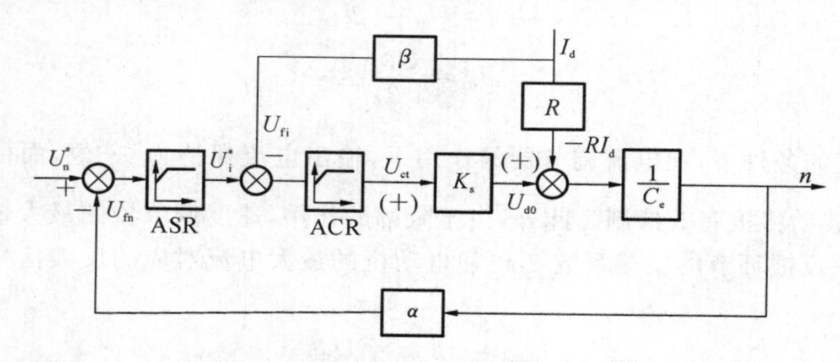

图 3-4　双闭环直流调速系统稳态结构图

3.2　转速、电流双闭环控制调速系统的数学模型与动态分析

3.2.1　转速、电流双闭环控制调速系统的数学模型

双闭环直流调速系统的动态结构图如图 3-5 所示，图中 $W_{ASR}(s)$ 和 $W_{ACR}(s)$ 分别表示转速调节器和电流调节器的传递函数。为了引出电流反馈，在电动机的动态结构框图中必须把电枢电流 I_d 显露出来。

3.2.2　转速、电流双闭环控制调速系统的动态过程分析

1. 启动过程分析

对调速系统而言，被控制的对象是转速。它的跟随性能可以用阶跃给定下的动态响应来描述，图 3-1 描绘了时间最优的理想过渡过程。实现所期望的恒加速过程，最终以时间最优的形式达到所要求的性能指标，是设置双闭环控制的一个重要的追求目标。

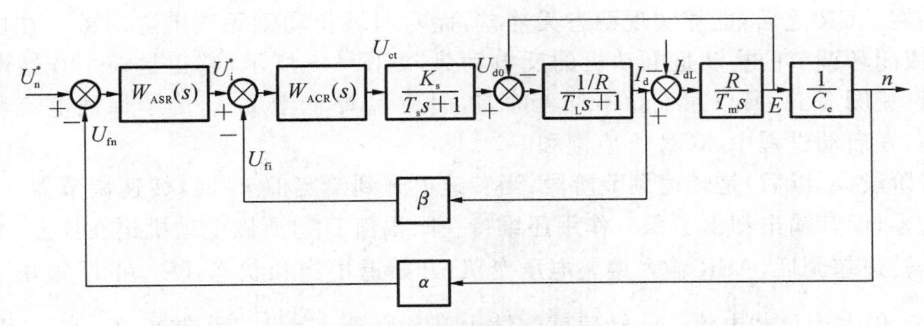

图 3-5　双闭环直流调速系统的动态结构图

在恒定负载条件下转速变化的过程与电动机电磁转矩（或电流）有关，对电动机启动过程 $n=f(t)$ 的分析离不开对 $I_d(t)$ 的研究。双闭环直流调速系统在带有负载 I_{dL} 条件下启动过程的电流波形和转速波形如图 3-6 所示。

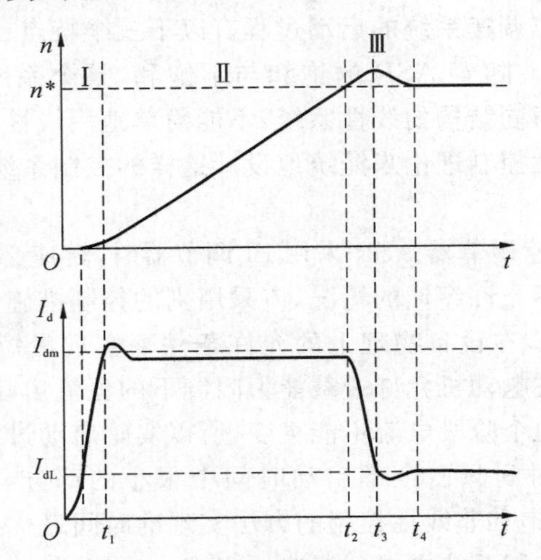

图 3-6　双闭环直流调速系统启动过程的转速和电流波形

从图 3-6 可以看到，电流 I_d 从零增长到接近 I_{dm}，然后在一段时间内维持其值不变，以后又下降并经调节后达到稳态值 I_{dL}。转速波形先是缓慢上升，然后以恒加速度上升，产生超调后，达到给定值 n^*。从电流与转速变化过程所反映出的特点可以把启动过程分为电流上升、恒流升速和转速调节三个阶段，转速调节器在此三个阶段中经历了快速进入饱和、饱和及退饱和三种情况，三个阶段的特点分析如下：

第Ⅰ阶段（$0—t_1$）是电流上升阶段：突加给定电压 U_n^* 后，经过两个调节器的跟随作用，U_{ct}、U_{d0}、I_d 都上升，但是在 I_d 没有达到负载电流 I_{dL} 以前，电动机还不能转动。当 $I_d \geqslant I_{dL}$ 后，电动机开始启动，由于机电惯性的作用，转速不会很快增长，因而转速调节器 ASR 的输入偏差电压（$\Delta U_n = U_n^* - U_{fn}$）的数值仍较大，其输出电压很快达到限幅值 U_{im}^*，强迫电枢电流 I_d 迅速上升。直到 $I_d \approx I_{dm}$，$U_{fi} \approx U_{im}^*$，电流调节器很快就压制了 I_d 的增长，标志着这一阶段的结束。在这一阶段中，ASR 很快进入并保持饱和状态，而 ACR 一般不饱和。

第Ⅱ阶段（$t_1—t_2$）是恒流升速阶段：在这个阶段中，ASR 始终是饱和的，转速环相当于开环，系统成为在恒值电流给定 U_{im}^* 下的电流调节系统，基本上保持电流 I_d 恒定，因而系统的加速度恒定，转速呈线性增长（见图 3-6），这是启动过程中的主要阶段。要说明的是，ACR 一般选用 PI 调节器，电流环按典型Ⅰ型系统设计（电流环的设计见工程设计方法）。当阶跃扰动作用在 ACR 之后，能够实现稳态无静差，而对斜坡扰动则无法消除静差。在恒流升速阶段，电流闭环调节的扰动是电动机的反电动势，如图 3-5 所示，它正是一个线性渐增的斜坡扰动量（见图 3-6），所以系统做不到无静差，而是 I_d 略低于 I_{dm}。为了保证电流环的这种调节作用，在启动过程中 ACR 不应饱和。

第Ⅲ阶段（t_2 以后）是转速调节阶段：当转速上升到给定值 n^* 时，转速调节器 ASR 的输入偏差为零，但其输出却由于积分作用还维持在限幅值 U_{im}^*，所以电动机仍在加速，必定使转速超调。转速超调后，ASR 输入偏差电压变负，开始退出饱和状态，U_i^* 和 I_d 很快下降。但是，只要 I_d 仍大于负载电流 I_{dL}，转速就继续上升。直到 $I_d = I_{dL}$ 时，转矩 $T_e = T_L$，则 $\frac{dn}{dt} = 0$，转速 n 达到峰值（$t = t_3$ 时）。此后，在 t_3—t_4 时间内，$I_d < I_{dL}$，电动机开始在负载的阻力下减速，直到稳态。如果调节器参数整定得不够好，也会有一段振荡过程。在这最后的转速调节阶段，ASR 和 ACR 都不饱和，ASR 起主导的转速调节作用，而 ACR 则力图使 I_d 尽快地跟随其给定值 U_i^*，或者说，电流内环是一个电流跟随子系统。

综上所述，双闭环直流调速系统的启动过程有以下三个特点：

（1）饱和非线性控制。随着 ASR 的饱和与不饱和，整个系统处于完全不同的两种状态，在不同情况下表现为不同结构的线性系统，不能简单地用线性控制理论来分析整个启动过程，也不能简单地用线性控制理论来笼统地设计这样的控制系统，只能采用分段的方法来分析。

（2）转速超调。当转速调节器 ASR 采用 PI 调节器时，转速必然有超调。转速略有超调一般是允许的，对于完全不允许超调的情况，应采用别的控制措施来抑制超调。

（3）准时间最优控制。在设备物理上的允许条件下实现最短时间的控制称作“时间最优控制”，对于调速系统，在电动机允许过载能力限制下的恒流启动，就是时间最优控制。但由于在启动过程中Ⅰ、Ⅲ两个阶段电流不能突变，所以实际启动过程与理想启动过程相比还有一些差距，不过这两段时间只占全部启动时间中很小的部分，故可称作“准时间最优控制”。应当重视的是，采用饱和非线性控制的方法实现准时间最优控制是一种很有实用价值的控制策略，在各种多环控制系统中得到普遍的应用。

2. 动态抗扰性能分析

一般来说，双闭环直流调速系统具有比较满意的动态性能。对于调速系统，另一个重要的动态性能是抗扰性能，主要是抗负载扰动和抗电网电压扰动的性能。

1）抗负载扰动

由图 3-5 可以看出，负载扰动作用在电流环之后，因此只能靠转速调节器 ASR 来产生抗负载扰动的作用。在设计 ASR 时，应要求有较好的抗扰性能指标。

2）抗电网电压扰动

电网电压变化对调速系统也产生扰动作用。为了在单闭环调速系统的动态结构图上表示出电网电压扰动 ΔU_d 和负载扰动 I_{dL}，把图 2-15 重画成图 3-7(a)。图中，ΔU_d 和 I_{dL} 都作用在被转速负反馈环包围的前向通道上，仅就表示转速稳态调节性能的静特性而言，系统对它们的抗扰效果是一样的。但是从动态性能上看，由于扰动作用点不同，存在着能否及时调节的差别。显然，负载扰动能够比较快地反映到被调量 n 上，从而得到调节，而电网电压扰动的作用点离被调量稍远，调节作用受到延滞，因此单闭环调速系统抵抗电压扰动的性能要差一些。

在图 3-7(b)所示的双闭环系统中，由于增设了电流内环，电压波动可以通过电流反馈得到比较及时的调节，不必等它影响到转速以后才反馈回来，因而使抗扰性能得到改善。因此，在双闭环系统中，由电网电压波动引起的转速变化会比单闭环系统小得多。

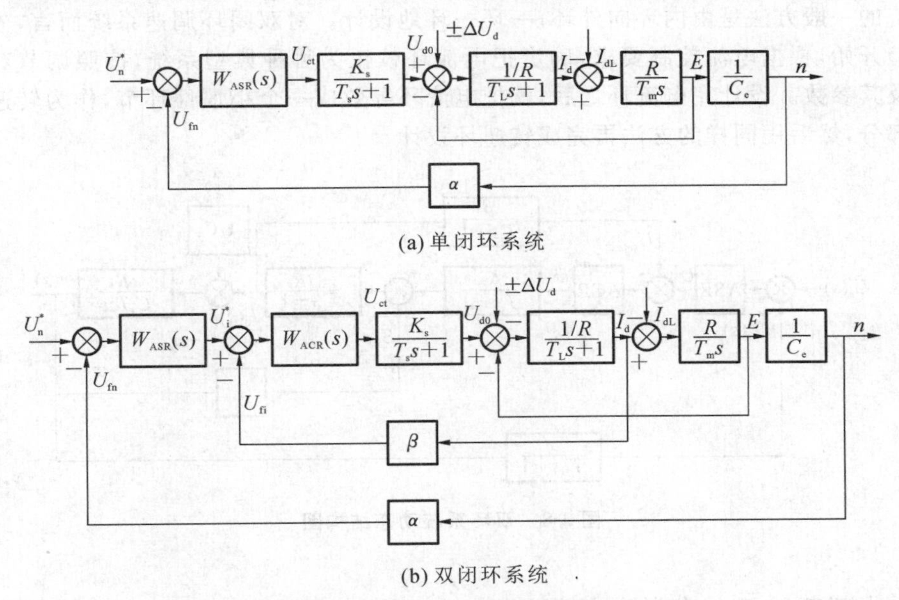

图 3-7　直流调速系统的动态抗扰作用

$\pm\Delta U_d$—电网电压波动在可控电源电压上的反映

3. 转速和电流两个调节器的作用

综上所述，转速调节器和电流调节器在双闭环直流调速系统中的作用可分别归纳如下：

1）转速调节器的作用

（1）转速调节器是调速系统的主导调节器，它使转速 n 很快地跟随给定电压 U_n^* 变化，稳态时可减少转速误差，如果采用 PI 调节器，则可实现无静差。

（2）对负载变化起抗扰作用。

（3）其输出限幅值决定电动机允许的最大电流。

2）电流调节器的作用

（1）作为内环的调节器，在转速外环的调节过程中，它的作用是使电流紧紧跟随其给定电压 U_i^*（即外环调节器的输出量）变化。

（2）对电网电压的波动起及时抗扰的作用。

（3）在转速动态过程中，确保获得电动机允许的最大电流，从而加快动态过程。

（4）当电动机过载甚至堵转时，限制电枢电流的最大值，起快速的自动保护作用。一旦故障消失，系统立即自动恢复正常。这个作用对系统的可靠运行来说是十分重要的。

3.3　转速、电流双闭环控制调速系统的工程设计

3.3.1　工程设计方法的基本要求

一般直流调速系统动态参数的工程设计，包括确定预期典型系统、选择调节器形式、计算调节器参数。设计结果应满足生产机械工艺要求提出的静态与动态性能指标。

双闭环直流调速系统是目前直流调速系统中最常用、最典型的一种，也是构成各种可逆调速系统和高性能调速装置的核心。因此双闭环系统的设计具有很重要的实际意义。

具有转速反馈和电流反馈的双闭环系统，属于多环控制系统，双环系统的动态结构图如图 3-8 所示，通常都采用由内向外、一环包围一环的系统结构。每一闭环都设有本环的调节

器，构成一个完整的闭环系统。这种结构为工程设计及调试工作带来了极大的方便。设计多环系统的一般方法是由内环向外环，一环一环地设计。对双闭环调速系统而言，先从内环(电流环)开始，根据电流控制要求，确定把电流环校正为哪种典型系统，按照调节对象选择调节器及其参数。设计完电流环之后，就把电流环等效成一个小惯性环节，作为转速环的一个组成部分，然后用同样的方法再完成转速环设计。

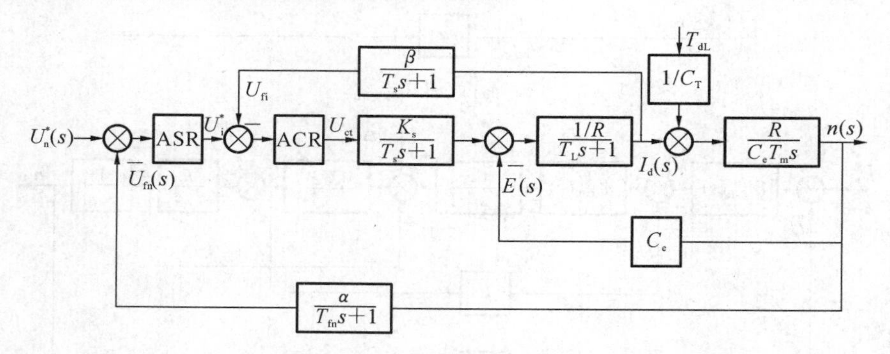

图 3-8　双环系统动态结构图

3.3.2　典型系统及其参数与性能指标

1. 典型Ⅰ型系统及其参数与性能指标

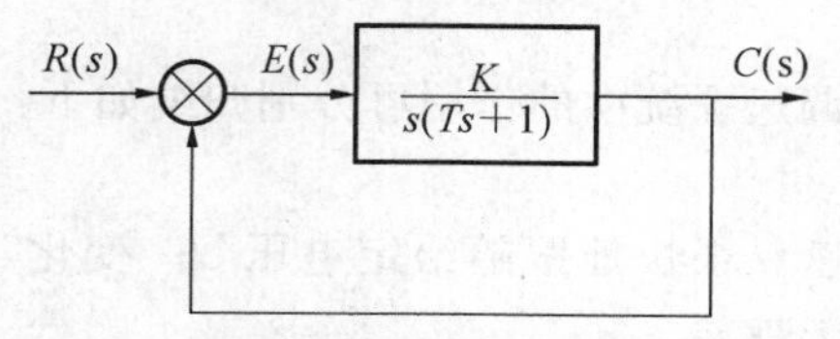

图 3-9　典型Ⅰ型系统

1) 典型Ⅰ型系统

典型Ⅰ型系统如图 3-9 所示，其开环传递函数为

$$W(s) = \frac{K}{s(Ts+1)} \tag{3-5}$$

由图 3-9 可见，典型Ⅰ型系统是由一个积分环节和一个惯性环节串联组成的闭环反馈系统。在开环传递函数中，时间常数 T 往往是控制对象本身所固有的，唯一可变的参数只有开环增益 K，因此，可供设计选择的参数只有 K，一旦 K 值选定，系统的性能就被确定了。

2) 典型Ⅰ型系统的稳态跟随性能

典型Ⅰ型系统的稳态跟随性能是指在给定输入信号下的稳态误差。由控制理论误差分析可知，典型Ⅰ型系统对阶跃给定信号的稳态误差为零；对单位斜坡输入信号的稳态误差不为零，即有跟踪误差

$$e(\infty) = \lim_{s\to 0} sE(s)\frac{1}{s^2} = \lim_{s\to 0} s\frac{1}{1+W(s)}\frac{1}{s^2} = \frac{1}{K} \tag{3-6}$$

上式表明，开环增益 K 增大时，跟踪误差将减小。

3) 典型Ⅰ型系统的动态性能

由图 3-9 可得典型Ⅰ型系统的闭环传递函数为

$$W_{cl}(s) = \frac{W(s)}{1+W(s)} = \frac{K/T}{s^2+\frac{1}{T}s+\frac{K}{T}} = \frac{\omega_n^2}{s^2+2\xi\omega_n s+\omega_n^2} \tag{3-7}$$

式中：$\omega_n=\sqrt{K/T}$为自然振荡频率；$\xi=\frac{1}{2\sqrt{KT}}$为阻尼比。

当阻尼比为 $0<\xi<1$ 时，在零初始条件下的阶跃响应动态性能指标计算公式为：

超调量

$$\sigma = e^{-\xi\pi/\sqrt{1-\xi^2}} \times 100\% \tag{3-8}$$

调节时间

$$t_s \approx \frac{3}{\xi\omega_n} = 6T \quad (\xi < 0.9 \text{ 时}) \tag{3-9}$$

截止频率

$$\omega_c = \frac{\left(\sqrt{4\xi^4+1} - 2\xi^2\right)^{1/2}}{2\xi T} \tag{3-10}$$

相角裕量

$$\gamma = \arctan \frac{2\xi}{\left(\sqrt{4\xi^4+1} - 2\xi^2\right)^{1/2}} \tag{3-11}$$

其动态指标与 K 和 ξ 的关系如表 3-1 所示。

表 3-1　典型Ⅰ型系统动态性能指标与系统参数的关系

K	$\frac{1}{4T}$	$\frac{1}{2.56T}$	$\frac{1}{2T}$	$\frac{1}{1.44T}$	$\frac{1}{T}$
ξ	1.0	0.8	0.707	0.6	0.5
σ	0%	1.5%	4.3%	9.5%	16.3%
t_s	$9.5T$	$5.4T$	$4.2T$	$6.3T$	$5.3T$
γ	76.3°	69.9°	65.5°	59.2°	51.8°
ω_c	$0.243/T$	$0.367/T$	$0.455/T$	$0.596/T$	$0.786/T$

具体选择参数时，如果生产工艺主要要求动态响应快，可取 $\xi=0.5\sim0.6$，把 K 选大一些；如果主要要求超调小，可取 $\xi=0.8\sim1.0$，把 K 选小一些；如果要求无超调，则取 $\xi=1.0$，$K=0.25/T$；无特殊要求时，可取折中值，即 $\xi=0.707$，$K=0.5/T$，此时略有超调（$\sigma=4.3\%$）。也可能出现这种情况：无论怎样选择 K 值，总是顾此失彼，不可能满足所需的全部性能指标，这说明典型Ⅰ型系统不适用，需采用其他控制方法。

上述折中的 $\xi=0.707$、$KT=0.5$ 的参数关系就是西门子"最佳整定"方法的"最佳系统"，或称"二阶最佳系统"，其实这只是折中的参数选择，无所谓"最佳"。真正的最佳参数是随生产工艺要求性能指标的不同而变的。

2. 典型Ⅱ型系统及其参数与性能指标的关系

1）典型Ⅱ型系统

典型Ⅱ型系统的开环传递函数如下

$$W_{op}(s) = \frac{K(\tau s+1)}{s^2(Ts+1)} \quad (\tau > T) \tag{3-12}$$

其闭环系统结构图和开环对数幅频特性如图 3-10 所示。图中，$\omega_1=\frac{1}{\tau}$ 为低频转折频率，$\omega_2=\frac{1}{T}$ 为高频转折频率，且有 $\omega_2>\omega_c>\omega_1$。

与典型Ⅰ型系统相比，所不同的是有两个参数 K 和 τ 需确定，为方便起见引入一个新变量 h，令

$$h = \frac{\tau}{T} = \frac{\omega_2}{\omega_1} \tag{3-13}$$

h 表示了在对数坐标中斜率为 -20 dB/dec 的中频段的宽度，称作"中频宽"。由于中频

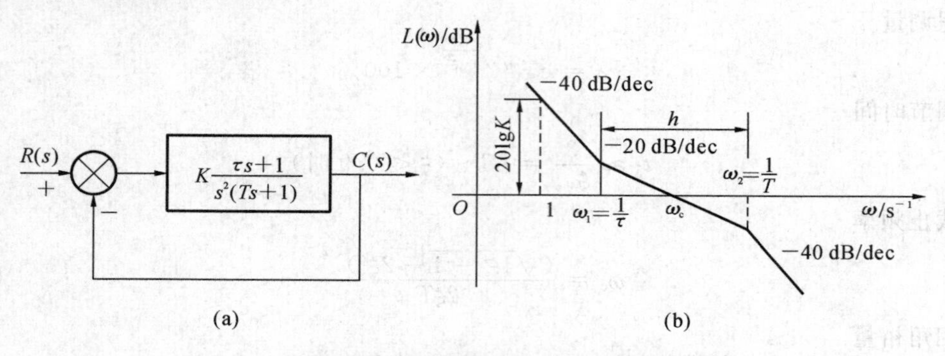

图 3-10　典型Ⅱ型系统结构图和开环对数幅频特性

段的状况对控制系统的动态品质起决定性的作用，因此 h 值是一个很关键的参数。

在图 3-10 中，若设 $\omega=1$ 点处是 -40 dB/dec 特性段，则

$$20\lg K = 40\lg\omega_1 + 20\lg\frac{\omega_c}{\omega_1} = 20\lg\omega_1\omega_c$$

因此

$$K = \omega_1\omega_c \tag{3-14}$$

从频率特性上可见，由于 T 一定，改变 τ 就等于改变了中频宽 h；在 τ 确定以后再改变 K，相当于使开环对数幅频特性上下平移，从而改变了截止频率 ω_c。因此在设计调节器时，选择两个参数 h 和 ω_c，就相当于选择参数 τ 和 K。

2）典型Ⅱ型系统性能指标与参数的关系

典型Ⅱ型系统的性能指标通常用三种方法描述：以相角裕量为基准的“最大 $\gamma(\omega_c)$ 法”；以闭环谐振峰值为基准的“最小 M_p 法”；在第一种方法中令 $h=4$ 或在第二种方法中令 $h=5$ 时得到的“三阶工程最佳设计法”。

按“最大 $\gamma(\omega_c)$ 法”选择参数时，截止频率

$$\omega_c = \sqrt{\omega_1\omega_2} = \sqrt{h}\,\omega_1 \tag{3-15}$$

它处在对数幅频特性横轴上 ω_1 与 ω_2 的几何中点，由式(3-13)、式(3-14)和式(3-15)得“最大 $\gamma(\omega_c)$ 法”的参数关系为

$$\begin{cases} K = \omega_1\omega_c = \omega_1\sqrt{\omega_1\omega_2} = \omega_1\sqrt{h\omega_1^2} = \sqrt{h}\,\omega_1^2 = \dfrac{\sqrt{h}}{\tau^2} = \dfrac{1}{h\sqrt{h}T^2} \\ \tau = hT \end{cases} \tag{3-16}$$

若取 $h=4$，则

$$\begin{cases} K = \dfrac{1}{8T^2} \\ \tau = 4T \end{cases} \tag{3-17}$$

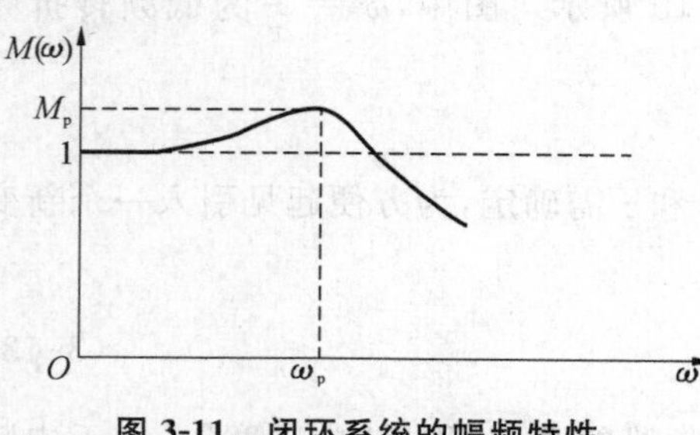

图 3-11　闭环系统的幅频特性

式(3-17)是“三阶工程最佳”的结论。

“最小 M_p 法”是根据最小振荡指标，由闭环频率特性推导的。

反馈控制系统的闭环幅频特性如图 3-11 所示，其中振荡峰值用 M_p 表示。可以证明，对于典型Ⅱ型系统，当截止频率 ω_c 符合下列关系式时，对应的 M_p 最小，称为“最佳频比”，此时系统相对稳定性最

好。关系式为

$$\frac{\omega_2}{\omega_c}=\frac{2h}{h+1} \tag{3-18}$$

或

$$\frac{\omega_c}{\omega_1}=\frac{h+1}{2}$$

即

$$\omega_c=\frac{h+1}{2}\omega_1 \tag{3-19}$$

这时最小的 M_p 值与 h 有简单的关系

$$M_{pmin}=\frac{h+1}{h-1} \tag{3-20}$$

开环放大倍数

$$K=\omega_1\omega_c=\frac{1}{h}\cdot\frac{1}{T}\cdot\frac{h+1}{2hT}=\frac{h+1}{2h^2T^2}$$

则按"最小 M_p 法"设计的典型Ⅱ型系统的参数关系为

$$\begin{cases}K=\dfrac{h+1}{2h^2T^2}\\ \tau=hT\end{cases} \tag{3-21}$$

取 $h=5$,则

$$\begin{cases}K=\dfrac{1}{8.3T^2}\\ \tau=5T\end{cases} \tag{3-22}$$

式(3-22)被称为按"最小 M_p 法"设计的"三阶工程最佳"参数。

由式(3-19)可知,按"最小 M_p 法"设计的系统参数与按"最大 $\gamma(\omega_c)$ 法"设计的系统参数区别在于 ω_c 的位置不同。"最小 M_p 法"对应的截止频率 ω_c 不在中频段的几何中点,而是稍偏右。实际工程应用与分析均证明"最小 M_p 法"计算公式较简单,参数调整的趋势明确,而且系统的动态性能也较优越。

按"最小 M_p 法"设计的典型Ⅱ型系统的开环传递函数为

$$W_{op}(s)=\frac{K(\tau s+1)}{s^2(Ts+1)}=\frac{h+1}{2h^2T^2}\cdot\frac{hTs+1}{s^2(Ts+1)}$$

闭环传递函数

$$W_{cl}(s)=\frac{W_{op}(s)}{1+W_{op}(s)}=\frac{hTs+1}{\dfrac{2h^2T^2}{h+1}s^2(Ts+1)+(hTs+1)}$$
$$=\frac{hTs+1}{\dfrac{2h^2}{h+1}T^3s^3+\dfrac{2h^2}{h+1}T^2s^2+hTs+1} \tag{3-23}$$

对式(3-23)取不同的 h 值,求单位阶跃响应,得典型Ⅱ型系统的跟随性能指标,如表 3-2 所示。

表 3-2　典型Ⅱ型系统的跟随性能指标(最小 M_p)

h	3	4	5	6	7	8	9	10
K	$\frac{1}{4.5T^2}$	$\frac{1}{6.4T^2}$	$\frac{1}{8.3T^2}$	$\frac{1}{10.3T^2}$	$\frac{1}{12.3T^2}$	$\frac{1}{14.2T^2}$	$\frac{1}{16.2T^2}$	$\frac{1}{18.2T^2}$
t_s	$12T$	$11T$	$9T$	$10T$	$11T$	$12T$	$13T$	$14T$
σ	52.6%	43.6%	37.6%	33.2%	29.8%	27.2%	25%	23.3%

从表 3-2 可知：

$h=4$ 时

$$\begin{cases} 调节时间\ t_s = 11T \\ 超调量\ \sigma = 43.6\% \end{cases} \tag{3-24}$$

$h=5$ 时

$$\begin{cases} 调节时间\ t_s = 9T \\ 超调量\ \sigma = 37.6\% \end{cases} \tag{3-25}$$

h 值越大，超调量越小，但当 $h>5$ 后调节时间又将增加。因此，除非对快速性没有要求，否则只能取 $h=4$ 或 $h=5$。一般把 $h=5$ 定义为按"最小 M_p 法"设计的"三阶工程最佳"参数配置。

3. 控制对象的工程近似处理方法

实际控制系统的传递函数是各种各样的，往往不能简单地校正成典型系统，这就需要在校正成典型系统前先对系统做出近似处理，下面讨论几种实际控制对象的工程近似处理方法。

1）高频段小惯性环节的近似处理

当高频段有多个小时间常数 T_1、T_2、T_3、…的小惯性环节时，可以等效地用一个小时间常数 T 的惯性环节来代替。其等效时间常数 T 为

$$T = T_1 + T_2 + T_3 + \cdots$$

考察一个有两个高频段小惯性环节的开环传递函数

$$W(s) = \frac{K}{s(T_1 s + 1)(T_2 s + 1)}$$

式中：T_1、T_2 为小时间常数。

它的频率特性为

$$W(j\omega) = \frac{1}{(j\omega T_1 + 1)(j\omega T_2 + 1)} = \frac{1}{(1 - T_1 T_2 \omega^2) + j\omega(T_1 + T_2)} \tag{3-26}$$

近似处理后的传递函数 $W'(s) = \dfrac{K}{s(Ts+1)}$，其中 $T = T_1 + T_2$，它的频率特性为

$$W'(j\omega) = \frac{1}{1 + j\omega T} = \frac{1}{1 + j\omega(T_1 + T_2)} \tag{3-27}$$

式(3-26)和式(3-27)近似相等的条件是 $T_1 T_2 \omega^2 \ll 1$。

在工程计算中，一般允许有 10%以内的误差，因此上面的近似条件可以写成

$$T_1 T_2 \omega^2 \ll \frac{1}{10}$$

或允许频带为

$$\omega \leqslant \sqrt{\frac{1}{10 T_1 T_2}}$$

考虑到开环频率特性的截止频率 ω_c 与闭环频率特性的带宽 ω_b 一般比较接近，可以用 ω_c 作为闭环系统通频带的标志，而且 $\sqrt{10} \approx 3$（取近似整数），因此近似条件可写成

$$\omega_c \leqslant \frac{1}{3\sqrt{T_1 T_2}} \tag{3-28}$$

简化后的对数幅频特性如图 3-12 中虚线所示。

同理，如果有三个小惯性环节，其近似处理的表达式是

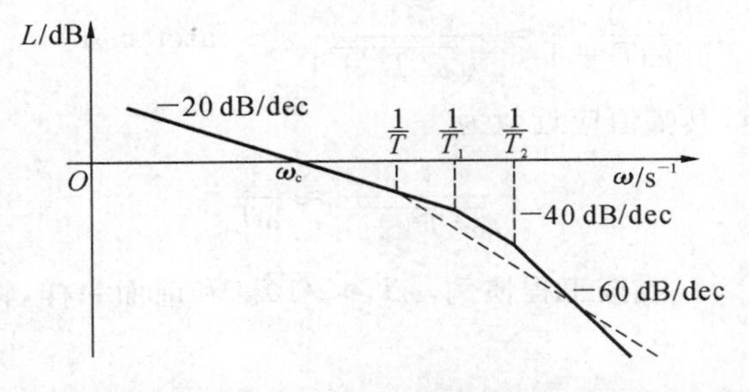

图 3-12 高频段小惯性近似处理对频率特性的影响

$$\frac{1}{(T_1s+1)(T_2s+1)(T_3s+1)} \approx \frac{1}{(T_1+T_2+T_3)s+1} \tag{3-29}$$

可以证明，近似的条件为

$$\omega_c \leqslant \frac{1}{3}\sqrt{\frac{1}{T_1T_2+T_2T_3+T_3T_1}} \tag{3-30}$$

由此可得下述结论：当系统有一组小惯性群时，在一定的条件下，可以将它们近似地看成一个小惯性环节，其时间常数等于小惯性群中各时间常数之和。

2）高阶系统的降阶近似处理

上述小惯性群的近似处理实际上是高阶系统降阶处理的一种特例，它把多阶小惯性环节降为一阶小惯性环节。下面讨论更一般的情况，即如何能忽略特征方程的高次项。以三阶系统为例，设

$$W(s)=\frac{K}{as^3+bs^2+cs+1} \tag{3-31}$$

式中：a、b、c 为正系数，且 $bc>a$，即系统是稳定的。

若能忽略高次项，可得近似的一阶系统的传递函数为

$$W(s)\approx\frac{K}{cs+1} \tag{3-32}$$

近似条件可以从频率特性导出

$$W(j\omega)=\frac{K}{a\,(j\omega)^3+b\,(j\omega)^2+c(j\omega)+1}=\frac{K}{(1-b\omega^2)+j\omega(c-a\omega^2)}\approx\frac{K}{1+j\omega c}$$

近似条件是

$$\begin{cases} b\omega^2 \leqslant \dfrac{1}{10} \\[2ex] a\omega^2 \leqslant \dfrac{c}{10} \end{cases}$$

仿照上面的方法，近似条件可以写成

$$\omega_c \leqslant \frac{1}{3}\min\left(\sqrt{\frac{1}{b}},\sqrt{\frac{c}{a}}\right) \tag{3-33}$$

3）低频段大惯性环节的近似处理

当系统中存在一个时间常数特别大的惯性环节 $\frac{1}{Ts+1}$ 时，可以近似地将它看成是积分环节 $\frac{1}{Ts}$。现在来分析一下这种近似处理的存在条件。

这个大惯性环节的频率特性为

$$\frac{1}{j\omega T+1}=\frac{1}{\sqrt{\omega^2T^2+1}}\angle-\arctan\omega T$$

若将它近似成积分环节，其幅值应近似为

$$\frac{1}{\sqrt{\omega^2T^2+1}}\approx\frac{1}{\omega T}$$

显然，近似条件是$\omega^2T^2\gg1$，或按工程惯例，$\omega T\geqslant\sqrt{10}$。和前面一样，将$\omega$换成$\omega_c$，并取整数，得

$$\omega_c\geqslant\frac{3}{T}\tag{3-34}$$

而相角的近似关系是$\arctan\omega T\approx90°$。当$\omega T=\sqrt{10}$时，$\arctan\omega T=\arctan\sqrt{10}=72.45°$，似乎误差较大。实际上，将这个惯性环节近似成积分环节后，相角滞后从72.45°变成90°，滞后得更多，稳定裕度更小。这就是说，实际系统的稳定裕度要大于近似系统，按近似系统设计好调节器后，实际系统的稳定性应该更强，因此这样的近似方法是可行的。

再研究一下系统的开环对数幅频特性。举例来说，若图3-13中特性a的开环传递函数为

$$W_a(s)=\frac{K(\tau s+1)}{s(T_1s+1)(T_2s+1)}$$

式中：$T_1>\tau>T_2$，而且$\frac{1}{T_1}$远低于截止频率ω_c，处于低频段。把大惯性环节$\frac{1}{T_1s+1}$近似成积分环节$\frac{1}{T_1s}$时，开环传递函数变成

$$W_b(s)=\frac{K(\tau s+1)}{T_1s^2(T_2s+1)}$$

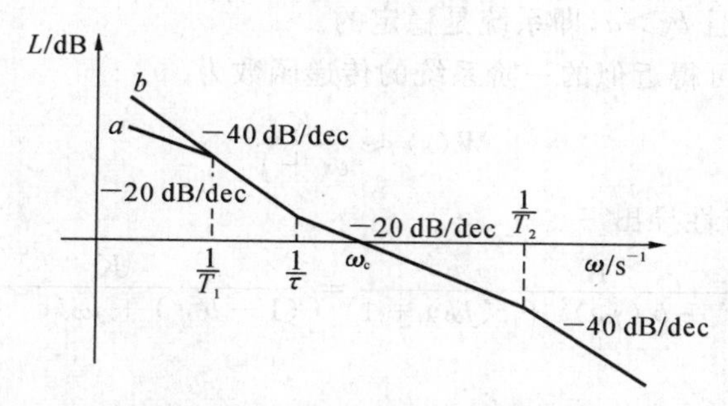

图3-13　低频段大惯性环节近似处理对频率特性的影响

从图3-13所示的开环对数幅频特性上看，相当于把特性a近似地看成特性b，其差别只在低频段，这样的近似处理对系统的动态性能影响不大。

但是，从稳态性能上看，这样的近似处理相当于把系统的类型人为地提高了一级，如果原来是Ⅰ型系统，近似处理后变成了Ⅱ型系统，这当然不是真实的。所以这种近似处理只适用于分析动态性能，当考虑稳态精度时，仍采用原来的传递函数$W_a(s)$就可以了。

3.3.3　调节器的设计(电流调节器、转速调节器)

用工程设计方法来设计转速、电流反馈控制直流调速系统的原则是先内环后外环。步骤是：先从电流环(内环)开始，对其进行必要的变换和近似处理，然后根据电流环的控制要求确定把它校正成哪一类典型系统，再按照控制对象确定电流调节器的类型，最后按动态性

能指标要求确定电流调节器的参数。电流环设计完成后，把电流环等效成转速环（外环）中的一个环节，再用同样的方法设计转速环。

1. 电流调节器设计

在设计之前，须了解系统由生产机械和工艺要求选择的电动机、测速发电机、整流器等元件的固有参数。

已知固有参数：

电动机：P_N，U_N，I_N，n_N，R_a，L_a。

变压器：L_B，R_B。

整流器：m（相数），U_{d0}。

负载及电动机转动惯量：GD^2。

预置参数：电流调节器输出限幅值 U_{ctm}，它对应于最大整流电压 $U_{d0m}=1.05U_N$，一般 U_{ctm} 取 5～10 V。

速度调节器输出限幅值 U_{im}：一般取 5～10 V。

速度给定电压最大值 U_{nm}^*：它对应于电动机转速额定值 n_N，一般取 5～10 V。

电流反馈滤波时间常数 T_{oi}：一般取 1～3 ms。

速度反馈滤波时间常数 T_{on}：一般取 5～20 ms。

启动电流 I_{dm}：一般取（1.5～2）I_N。

计算的参数：

$$R=R_a+\frac{mX_B}{2\pi}+R_L+R_B$$

$$L=L_a+L_B+L_P\text{（}L_P\text{ 为平波电抗器电感）}$$

$$T_s=\frac{1}{2}\cdot\frac{1}{mf}\text{（}f\text{ 为电源频率）}$$

$$C_e=\frac{U_N-R_aI_N}{n_N}$$

$$C_T=C_e/1.03$$

$$T_L=L/R$$

$$T_m=\frac{GD^2R}{375C_eC_T}$$

$$\beta=\frac{U_{im}^*}{I_{dm}}$$

$$\alpha=\frac{U_{nm}^*}{n_N}$$

$$K_s=\frac{U_{d0m}}{U_{ctm}}=\frac{1.05U_N}{U_{ctm}}$$

1）电流调节器 ACR

最常用的电流调节器是 PI 调节器。由于电流反馈滤波环节（惯性环节）折算到前向通道上表现为微分环节，电流超调将会增大（实质上滤波环节对电流反馈信号起延迟作用），为此，在给定通道上也加一滤波环节（给定滤波器），以抵消电流反馈环节的影响。具有给定和反馈滤波器的电流调节器如图 3-14 所示。

对 PI 调节器，其输出表达式为

$$U_{ct}(s)=\frac{K_i(\tau_i s+1)}{\tau_i s}\left(\frac{1}{T_{oi}s+1}U_i-\frac{1}{T_{fi}s+1}\beta I_d\right)\tag{3-35}$$

式中：$K_i=\frac{R_i}{R_0}$；$\tau_i=R_iC_i$；$T_{oi}=\frac{R_0C_{oi}}{4}$；$T_{fi}=\frac{R_0C_{fi}}{4}$。

动态结构图如图 3-15 所示。

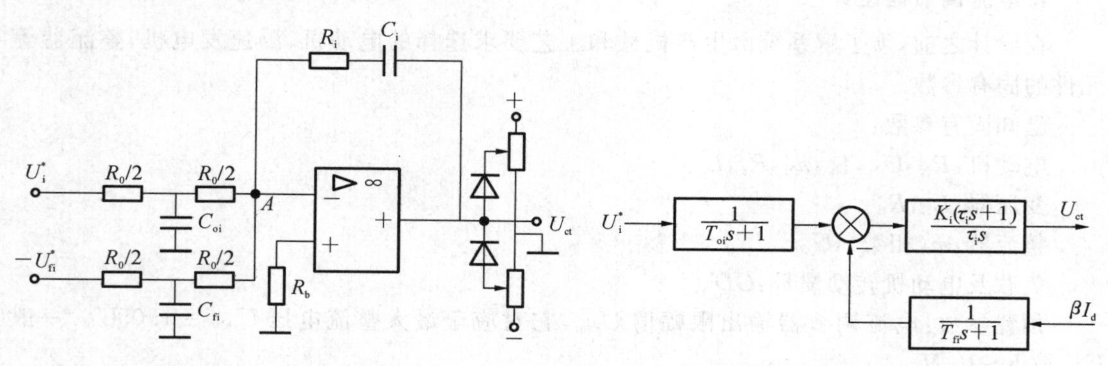

图 3-14　电流调节器　　　　图 3-15　电流调节器动态结构图

2）电流环动态结构图

双闭环直流调速系统中电流调节过程比转速调节过程快得多，因此电流环设计时，可忽略电动机反电动势的影响。这样近似处理的条件是

$$\omega_{ci}\geqslant 3\sqrt{\frac{1}{T_mT_L}} \tag{3-36}$$

式中：ω_{ci}为电流环截止频率。

这样去掉电动势环以后，由图 3-15 和图 3-16(a)可得电流调节器采用 PI 调节器时电流环动态结构图，如图 3-17 所示。考虑到一般电动机电磁时间常数要比晶闸管整流器等效时间常数 T_s 和反馈滤波时间常数 T_{fi}大得多，设计时可把 T_s 和 T_{fi}合并为小惯性群，即

$$T_{\Sigma i}=T_s+T_{fi}$$

从而使电流环结构简化，如图 3-16(b)所示。这种近似处理的条件为

$$\omega_{ci}\leqslant\frac{1}{3}\sqrt{\frac{1}{T_sT_{fi}}} \tag{3-37}$$

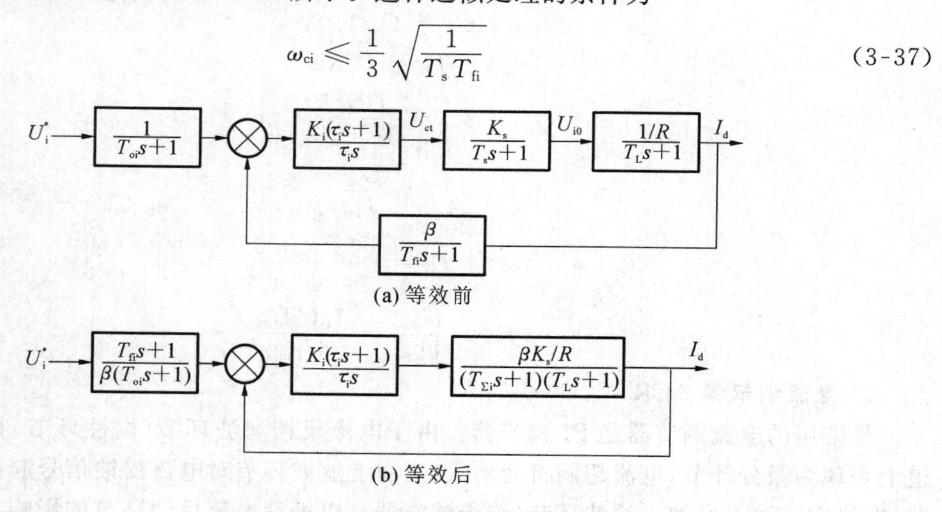

图 3-16　电流环等效结构图

3）电流调节器参数和电流闭环传递函数

(1) 电流环校正为典型Ⅰ型系统。

取“三阶工程最佳”参数，结果如下

$$\begin{cases}\tau_i = T_L\text{（抵消大惯性）}\\ K_I = \dfrac{\beta K_i K_s}{\tau_i R}\\ T_{oi} = T_{fi}\end{cases}$$

由此得调节器参数为

$$\begin{cases}\tau_i = T_L\\ K_i = \dfrac{RT_L}{2\beta K_s T_{\Sigma i}}\\ T_{oi} = T_{fi}\end{cases} \tag{3-38}$$

性能指标如下

$$\sigma = 4.3\%$$

$$t_s = 4.14T_{\Sigma i}$$

校正后电流环动态结构图如图 3-17 所示。等效闭环传递函数为

$$W_{cli}(s) = \frac{I_d(s)}{U_i(s)} = \frac{\dfrac{1}{2\beta T_{\Sigma i}}}{T_{\Sigma i}s^2 + s + \dfrac{1}{2T_{\Sigma i}}} = \frac{\dfrac{1}{\beta}}{2T_{\Sigma i}^2 s^2 + 2T_{\Sigma i}s + 1} \approx \frac{\dfrac{1}{\beta}}{2T_{\Sigma i}s + 1} \tag{3-39}$$

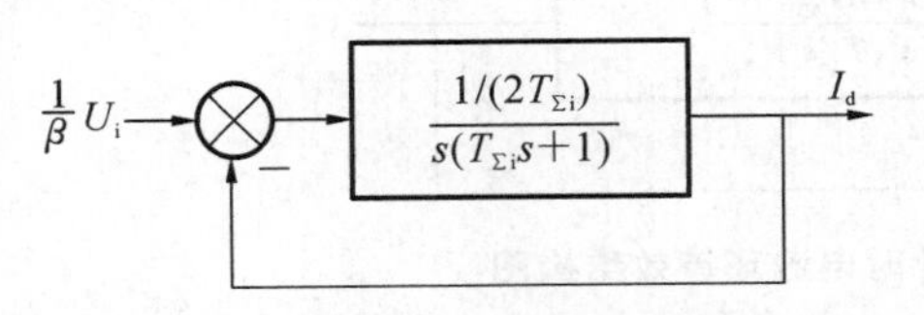

图 3-17　按典型Ⅰ型系统设计电流环结构图

根据忽略高次项的近似处理条件可求出

$$\omega_{cn} \leqslant \frac{1}{3\sqrt{2}T_{\Sigma i}} = \frac{1}{4.24T_{\Sigma i}}$$

取整数

$$\omega_{cn} \leqslant \frac{1}{5T_{\Sigma i}} \tag{3-40}$$

式中：ω_{cn}为转速环截止频率。

(2)电流环校正为典型Ⅱ型系统。

从图 3-16 中知道，若把电流环校正成典型Ⅱ型系统，应把最大的惯性环节$\dfrac{1}{T_L s+1}$近似处理为积分环节。当满足式(3-34)要求($\omega_c \geqslant \dfrac{3}{T_L}$)时

$$\frac{1}{T_L s+1} \approx \frac{1}{T_L s}$$

对应的电流环近似结构图如图 3-18 所示。

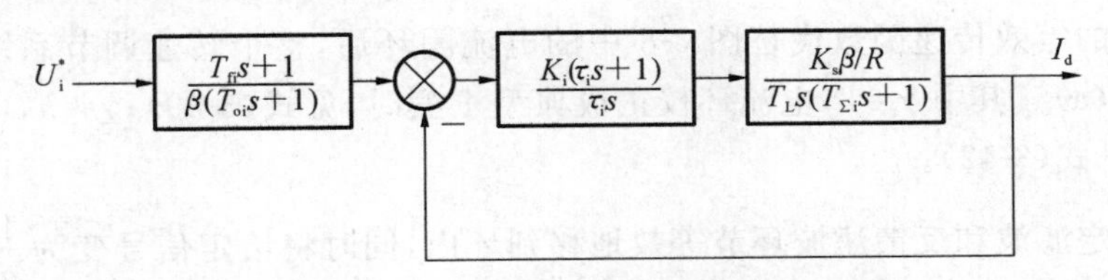

图 3-18　大惯性环节近似处理后的电流环结构图

按“最小 M_p 法”取

$$\begin{cases}\tau_{\mathrm{i}}=hT_{\Sigma \mathrm{i}}\\ K_{\mathrm{II}}=\dfrac{\beta K_{\mathrm{s}}K_{\mathrm{i}}}{\tau_{\mathrm{i}}RT_{\mathrm{L}}}=\dfrac{h+1}{2h^{2}T_{\Sigma \mathrm{i}}^{2}}\end{cases}$$

并且,为了抵消闭环传递函数中出现的微分项

$$(T_{\mathrm{fi}}s+1)(hT_{\Sigma \mathrm{i}}s+1)\approx(T_{\mathrm{fi}}+hT_{\Sigma \mathrm{i}})s+1$$

取滤波环节时间常数 $T_{\mathrm{oi}}=T_{\mathrm{fi}}+hT_{\Sigma \mathrm{i}}$,则调节器参数为

$$\begin{cases}\tau_{\mathrm{i}}=hT_{\Sigma \mathrm{i}}\\ K_{\mathrm{i}}=\dfrac{(h+1)RT_{\mathrm{L}}}{2hK_{\mathrm{s}}\beta T_{\Sigma \mathrm{i}}}\\ T_{\mathrm{oi}}=T_{\mathrm{fi}}+hT_{\Sigma \mathrm{i}}\end{cases} \tag{3-41}$$

校正后电流环结构图如图 3-19 所示。等效闭环传递函数为

$$\begin{aligned}W_{\mathrm{cli}}(s)=\frac{I_{\mathrm{d}}(s)}{U_{\mathrm{i}}(s)}&=\frac{T_{\mathrm{fi}}s+1}{\beta(T_{\mathrm{oi}}s+1)}\cdot\frac{hT_{\Sigma \mathrm{i}}s+1}{\dfrac{1}{K_{\mathrm{II}}}s^{2}(T_{\Sigma \mathrm{i}}s+1)+(hT_{\Sigma \mathrm{i}}s+1)}\\ &=\frac{1/\beta}{\dfrac{2h^{2}}{h+1}T_{\Sigma \mathrm{i}}^{3}s^{3}+\dfrac{2h}{h+1}T_{\Sigma \mathrm{i}}^{2}s^{2}+hT_{\Sigma \mathrm{i}}s+1}\approx\frac{1/\beta}{hT_{\Sigma \mathrm{i}}s+1}\end{aligned} \tag{3-42}$$

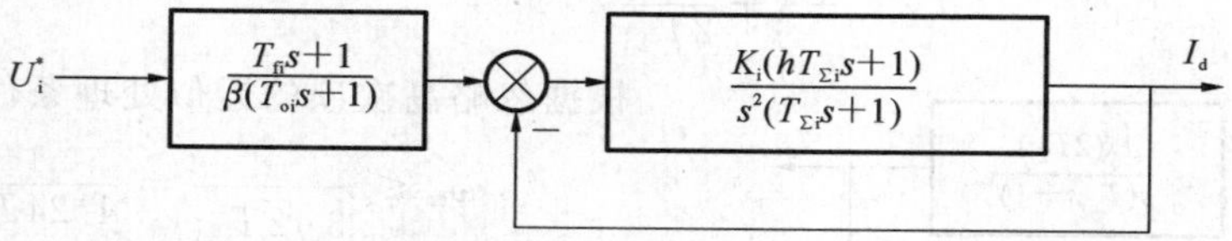

U_{i}^{*} → $\dfrac{T_{\mathrm{fi}}s+1}{\beta(T_{\mathrm{oi}}s+1)}$ → ⊗ → $\dfrac{K_{\mathrm{i}}(hT_{\Sigma \mathrm{i}}s+1)}{s^{2}(T_{\Sigma \mathrm{i}}s+1)}$ → I_{d} (负反馈 −)

图 3-19　ACR 按典型Ⅱ型系统设计时电流环等效结构图

最后,还有一点需要说明:由于电流环的一项重要作用就是保持电枢电流动态过程中不超过允许值,因而在突加控制作用时不希望有超调,或者超调量越小越好。从这个观点出发,应该把电流环校正成典型Ⅰ型系统。但电流环还有对电网电压波动及时调节的作用,为了提高其抗扰性能,又希望把电流环校正成典型Ⅱ型系统。在设计时究竟应该如何选择,要根据实际系统的具体要求来决定取舍。在一般情况下,当控制对象的两个时间常数之比 $\dfrac{T_{1}}{T_{\Sigma \mathrm{i}}}\leqslant 10$ 时,典型Ⅰ型系统的抗扰恢复时间还是可以接受的,因此一般多按典型Ⅰ型系统来设计电流环。

2. 转速调节器设计

1）转速调节器 ASR 结构的选择

用电流环的等效传递函数代替图 3-8 中的电流闭环后,整个转速调节系统的动态结构图变成图 3-20(a)。其中 $\gamma=2$,电流环校正成典型Ⅰ型时,见式(3-39);$\gamma=h$,电流环校正成典型Ⅱ型时,见式(3-42)。

如果把给定滤波和反馈滤波环节等效地移到环内,同时将给定信号变为 $\dfrac{1}{\alpha}U_{\mathrm{n}}^{*}(s)$,再取时间常数 $T_{\Sigma \mathrm{n}}=T_{\mathrm{fn}}+\gamma T_{\Sigma \mathrm{i}}$,则转速环可简化成图 3-20(b)所示的形式。

转速环应该校正成典型Ⅱ型系统是比较明确的,这首先是基于稳态无静差的要求。由图 3-20(b)可以看出,在负载扰动作用点后已经有了一个积分环节。为了实现转速无静差,还必须在扰动作用点前设置一个积分环节,因此前向通道中将有两个积分环节,为典型Ⅱ型系统。再从动态性能看,调速系统首先应具有良好的抗扰动性能,典型Ⅱ型系统恰好能满足

这个要求。至于典型Ⅱ型系统阶跃响应超调量大的问题，是在线性条件下的计算数据，实际系统的转速调节器很多情况下是阶跃给定，因此，调节器会很快饱和，这个非线性作用会使超调量大大降低。因此，大多数调速系统的转速环都按典型Ⅱ型系统进行设计。

由图 3-20(c)可明显地看出，把转速环校正成典型Ⅱ型系统，ASR 应该采用 PI 节器，其传递函数为

$$W_{ASR}(s) = K_n \frac{\tau_n s + 1}{\tau_n s}$$

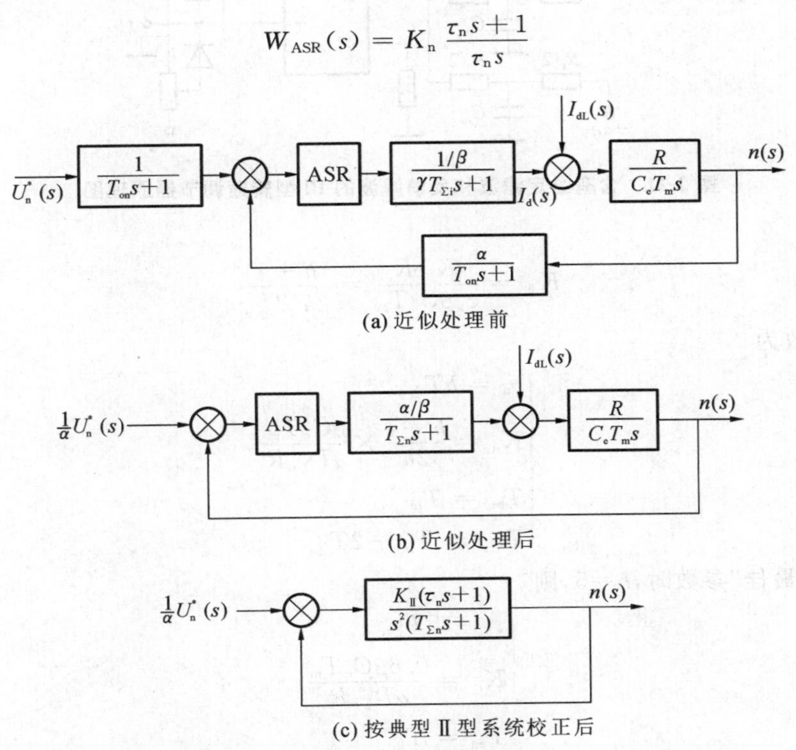

图 3-20　转速环动态结构图

这样调速系统的开环传递函数为

$$W_n(s) = \frac{K_n \alpha R(\tau_n s + 1)}{\tau_n \beta C_e T_m s^2 (T_{\Sigma n} s + 1)} = \frac{K_{II}(\tau_n s + 1)}{s^2 (T_{\Sigma n} s + 1)}$$

式中:转速环开环增益

$$K_{II} = \frac{K_n \alpha R}{\tau_n \beta C_e T_m}$$

上述结果所需服从的假设条件为

$$\omega_{cn} \leqslant \frac{1}{5T_{\Sigma i}}$$

$$\omega_{cn} \leqslant \frac{1}{3}\sqrt{\frac{1}{2T_{\Sigma i}T_{on}}}$$

2）ASR 及其参数选择

与 ACR 相同，含有给定滤波和反馈滤波的 PI 型转速调节器原理如图 3-21 所示。图中 $C_{fn} = C_{on}$。

按“最小 M_p 法”及典型Ⅱ型系统关系式得

$$\tau_n = hT_{\Sigma n}$$

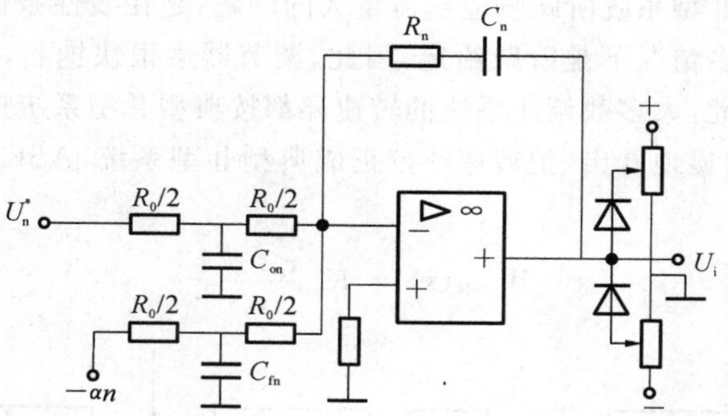

图 3-21　含有给定滤波和反馈滤波的 PI 型转速调节器原理图

$$K_{\mathrm{II}}=\frac{K_{n}\alpha R}{\tau_{n}\beta C_{e}T_{m}}=\frac{h+1}{2h^{2}T_{\Sigma n}^{2}}$$

则调节器参数为

$$\begin{cases}\tau_{n}=hT_{\Sigma n}\\ K_{n}=\dfrac{h+1}{2h}\times\dfrac{\beta C_{e}T_{m}}{\alpha T_{\Sigma n}R}\\ T_{on}=T_{fn}\\ T_{\Sigma n}=T_{fn}+2T_{\Sigma i}\end{cases}\tag{3-43}$$

取“三阶工程最佳”参数时，$h=5$，则

$$\begin{cases}\tau_{n}=5T_{\Sigma n}\\ K_{n}=\dfrac{0.6\beta C_{e}T_{m}}{\alpha T_{\Sigma n}R}\\ T_{on}=T_{fn}\\ T_{\Sigma n}=T_{fn}+2T_{\Sigma i}\end{cases}\tag{3-44}$$

3. 转速调节器饱和限幅时的超调量和计算

转速调节器的设计应考虑两种情况：一是阶跃输入下调节器很快饱和，属于非线性环节；另一种情况是在斜坡函数信号输入下，调节器不饱和，此时应按上述的线性调节器的设计方法进行。下面是转速调节器限幅输出情况下的设计方法。ASR 限幅输出时，其过渡过程要比线性工作时慢得多，这是由于电动机电流受到了限制（$I_{d}=I_{dm}=\frac{U_{im}}{\beta}$），但这是防止电动机过流所必需的。

从图 3-22 所示的双闭环调速系统启动波形可以发现，只有当转速 n 上升到大于稳态值后，出现负的转速偏差值时，才有可能使 ASR 退出饱和状态，进入线性区。调节器刚退出饱和时，由于电动机电流仍大于负载电流，转速必然继续上升而产生超调。但这不是线性系统的超调，而是经历饱和非线性之后产生的超调，故称为“退饱和超调”。退饱和超调指标是 ASR 设计的依据。

在退饱和超调过程中，调速系统重新进入线性范围内工作，其结构图及描述系统的微分方程和前面分析系统的跟随性能指标及系统对扰动输入响应指标时的结构图和微分方程完全一样，只不过初始条件不同。退饱和超调时，$n(0)=n(\infty)$，$I_{d}(0)=I_{dm}$，$I(\infty)=I_{dL}$。这和调速系统带着相当于 I_{dm} 的负载稳定运行时，负载突然从 I_{dm} 减小到 I_{dL}，转速经历一个动态升高和恢复的过程一样。因为描述系统动态速升过程的微分方程及初始条件 $n(0)=n(\infty)$、$I_d(0)=I_{dm}$ 与退饱和超调过程一样，所以 ASR 退饱和时的性能指标可用抗扰动性能指标来计算，一般转速环都按典型Ⅱ型系统来设计，以便获得较好的退饱和超调指标和抗扰指标。由于描写系统的微分方程只有一个，突卸负载 $I_{dm}\to I_{dL}$ 时的动态速升和突加负载 $I_{dL}\to I_{dm}$ 时的动态速降过程是大小相等、符号相反（Δn 的大小和符号）。

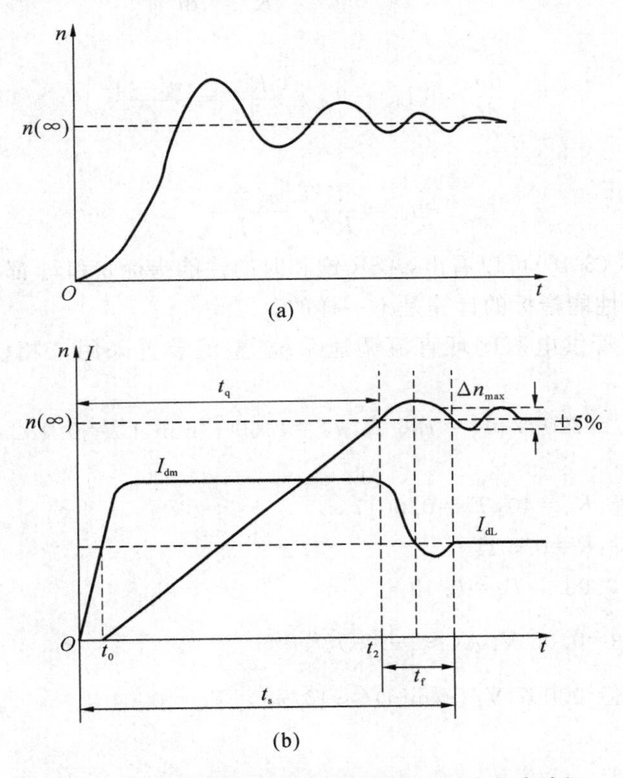

图 3-22　转速环按典型Ⅱ型系统设计时的启动过程

转速环按典型Ⅱ型系统特性设计后，取不同的 h 求其单位阶跃扰动响应（$I_{dL}=\frac{1}{s}$）可得退饱和超调量和 h 的关系，如表 3-3 所示。

表 3-3　转速环按典型Ⅱ型系统设计时退饱和超调量和 h 的关系

h	3	4	5	6	7	8
σ	$72.2\%Z$	$77.5\%Z$	$81.2\%Z$	$84\%Z$	$86.3\%Z$	$88\%Z$
t_f	$13.3T_{\Sigma n}$	$10.5T_{\Sigma n}$	$8.8T_{\Sigma n}$	$13T_{\Sigma n}$	$17T_{\Sigma n}$	$20T_{\Sigma n}$

在表 3-3 中

$$Z=\frac{2T_{\Sigma n}R}{n(\infty)T_m C_e}(I_{dm}-I_{dL}) \tag{3-45}$$

系统的调节时间

$$t_s=t_q+t_f$$

式中：t_f 为恢复时间；t_q 为启动时间，其计算如下。

由

$$T_{dm} - T_{dL} = \frac{GD^2}{375} \cdot \frac{dn}{dt}$$

得

$$I_{dm} - I_{dL} = \frac{C_e T_m}{R} \cdot \frac{dn}{dt}$$

即

$$\frac{dn}{dt} = (I_{dm} - I_{dL}) \frac{R}{C_e T_m} = \frac{n(\infty)}{t_q}$$

因此，启动时间

$$t_q = \frac{C_e T_m n(\infty)}{R(I_{dm} - I_{dL})} \tag{3-46}$$

从式(3-45)和式(3-46)可以看出，ASR 饱和时的性能指标 σ 和 t_q 都和稳态转速 $n(\infty)$ 有关，这与线性条件下性能指标的计算是不一样的。

例 3-1 某晶闸管供电双闭环直流调速系统，整流装置采用三相桥式电路，基本数据如下：

直流电动机：$U_N = 220$ V，$I_N = 136$ A，$n_N = 1460$ r/min，$C_e = 0.132$ V/(r/min)，允许过载系数 $\lambda = 1.5$。

晶闸管整流装置：$K_s = 40$，$T_s = 0.0017$ s。

电枢回路总电阻：$R = 0.5\ \Omega$。

时间常数：$T_L = 0.03$ s，$T_m = 0.18$ s。

电流反馈系数：$\beta = 0.05$ V/A$\left(\approx \frac{10}{1.5 I_N}\right)$。

速度反馈系数：$\alpha = 0.007$ V/(r/min)$(\approx 10/n_N)$，$T_{on} = 0.01$ s。

设计要求：

稳态指标：无静差。

动态指标：电流超调量 $\sigma_i \leqslant 5\%$，空载启动到额定转速时的转速超调量 $\sigma_n \leqslant 10\%$。

解：(1) 电流环的设计。

① 确定时间常数 $T_{\Sigma i}$。

按小时间常数近似，取

$$T_{\Sigma i} = T_s + T_{oi} = (0.0017 + 0.002)\ \text{s} = 0.0037\ \text{s}$$

② 电流调节器结构和参数选择。

根据设计要求 $\sigma_i \leqslant 5\%$，且无静差，又因

$$\frac{T_L}{T_{\Sigma i}} = \frac{0.03}{0.0037} = 8.11 < 10$$

因此可按典型Ⅰ型系统设计，且取 $KT = 0.5$ 工程最佳参数。电流调节器选用 PI 调节器，其传递函数为

$$W_{ACR}(s) = K_i \frac{\tau_i s + 1}{\tau_i s}$$

电流环开环增益

$$K_I = \frac{1}{2T_{\Sigma i}} = \frac{1}{2 \times 0.0037\ \text{s}} = 135.1\ \text{s}^{-1}$$

电流调节器积分时间常数

$$\tau_i = T_L = 0.03\ \text{s}$$

电流调节器比例系数

$$K_i = K_I \frac{\tau_i R}{\beta K_s} = 135.1 \times \frac{0.03 \times 0.5}{0.05 \times 40} = 1.013$$

③ 校验近似条件。

电流环截止频率

$$\omega_{ci} = K_I = 135.1\ \text{s}^{-1}$$

晶闸管装置传递函数近似条件

$$\omega_{ci} \leqslant 1/(3T_s)$$

本设计 $1/(3T_s) = 1/(3 \times 0.0017)\ \text{s}^{-1} = 196.1\ \text{s}^{-1} > \omega_{ci}$，满足近似条件。

小时间常数近似处理条件

$$\omega_{ci} \leqslant \frac{\sqrt{1/(T_s T_{oi})}}{3}$$

本设计 $\frac{\sqrt{1/(T_s T_{oi})}}{3} = \frac{\sqrt{1/(0.0017 \times 0.002)}}{3}\ \text{s}^{-1} = 180.8\ \text{s}^{-1} > \omega_{ci}$，也满足近似条件。

④ 计算电流调节器电阻和电容。

电流调节器原理如图 3-14 所示，按所选运算放大器取 $R_0 = 40\ \text{k}\Omega$，则各电阻、电容值如下

$$R_i = K_i R_0 = 1.013 \times 40\ \text{k}\Omega = 40.52\ \text{k}\Omega\text{，取 } 40\ \text{k}\Omega$$

$$C_i = \frac{\tau_i}{R_i} = \frac{0.03}{40 \times 10^3} \times 10^6\ \mu\text{F} = 0.75\ \mu\text{F}\text{，取 } 0.75\ \mu\text{F}$$

$$C_{oi} = \frac{4T_{oi}}{R_0} = \frac{4 \times 0.002}{40 \times 10^3} \times 10^6\ \mu\text{F} = 0.2\ \mu\text{F}\text{，取 } 0.2\ \mu\text{F}$$

由表 3-1 可知，按上述参数设计的电流环，能达到的动态指标为 $\sigma_i = 4.3\% < 5\%$，因此能够满足设计要求。

(2) 转速环设计。

① 确定时间常数。

电流环等效时间常数

$$2T_{\Sigma i} = 0.0074\ \text{s}$$

转速环小时间常数

$$T_{\Sigma n} = 2T_{\Sigma i} + T_{on} = 0.0174\ \text{s}$$

② 转速调节器结构和参数选择。

设计要求转速无静差，因而转速调节器必须含有积分环节，故应选用 PI 调节器。又根据动态要求，为了减小退饱和超调量，按 M_{pmin} 典型Ⅱ型系统设计，并取“工程最佳”参数 $h=5$。

转速调节器传递函数为

$$W_{ASR}(s) = \frac{K_n(\tau_n s + 1)}{\tau_n s}$$

转速环开环增益为

$$K_{II} = \frac{h+1}{2h^2 T_{\Sigma n}^2} = \frac{6}{50 \times 0.0174^2}\ \text{s}^{-2} = 396.4\ \text{s}^{-2}$$

转速调节器积分时间常数为

$$\tau_n = hT_{\Sigma n} = 5 \times 0.0174\ \text{s} = 0.087\ \text{s}$$

转速调节器比例系数为

$$K_n = \frac{h+1}{2h} \times \frac{\beta C_e T_m}{\alpha T_{\Sigma n} R} = \frac{6 \times 0.05 \times 0.132 \times 0.18}{2 \times 5 \times 0.007 \times 0.5 \times 0.0174} = 11.7$$

③ 校验近似条件。

转速环截止频率为

$$\omega_{cn} = \frac{K_{\text{II}}}{\omega_1} = K_{\text{II}} \tau_n = 396.4 \times 0.087\ \text{s}^{-1} = 34.5\ \text{s}^{-1}$$

电流环传递函数简化条件为

$$\omega_{cn} \leqslant \frac{1}{5T_{\Sigma i}}$$

本设计$\frac{1}{5T_{\Sigma i}} = \frac{1}{5\times 0.0037}\ \text{s}^{-1} = 54.1\ \text{s}^{-1} > \omega_{cn}$，所以满足简化条件。

小时间常数近似处理条件

$$\omega_{cn} \leqslant \frac{1}{3}\sqrt{\frac{1}{2T_{\Sigma i} T_{on}}}$$

本设计$\frac{1}{3}\sqrt{\frac{1}{2T_{\Sigma i} T_{on}}} = \frac{1}{3}\sqrt{\frac{1}{2\times 0.0037\times 0.01}}\ \text{s}^{-1} = 38.75\ \text{s}^{-1} > \omega_{cn}$，满足近似条件。

④ 计算转速调节器电阻和电容。

转速调节器原理图如图 3-21 所示，取 $R_0 = 40\ \text{k}\Omega$，则

$$R_n = K_n R_0 = 11.7 \times 40\ \text{k}\Omega = 468\ \text{k}\Omega，取\ 470\ \text{k}\Omega$$

$$C_n = \frac{\tau_n}{R_n} = \frac{0.087}{470 \times 10^3} \times 10^6\ \mu\text{F} = 0.185\ \mu\text{F}，取\ 0.2\ \mu\text{F}$$

$$C_{on} = \frac{4T_{on}}{R_0} = \frac{4 \times 0.01}{40 \times 10^3} \times 10^6\ \mu\text{F} = 1\ \mu\text{F}，取\ 1\ \mu\text{F}$$

⑤ 校核转速超调量。

当 $h=5$ 时，由表 3-3 查得 $\sigma = 81.2\% Z$，而

$$Z = \frac{2T_{\Sigma n} R}{n(\infty) T_m C_e}(I_{dm} - I_{dL}) = \frac{2 \times 0.0174 \times 0.5}{1460 \times 0.18 \times 0.132} \times (136 \times 0.5) = 0.034$$

于是退饱和转速超调量为

$$\sigma = 81.2\% \times 0.034 = 2.76\% < 10\%$$

3.3.4 转速、电流双闭环调速系统的仿真

采用了转速、电流反馈控制直流调速系统，设计者要选择 ASR 和 ACR 两个调节器的 PI 参数，有效的方法是使用调节器的工程设计方法。这样可使设计方法规范化，大大减少设计工作量。但工程设计是在一定的近似条件下得到的，如果用 MATLAB 仿真软件进行仿真，可以根据仿真结果对设计参数进行必要的修正和调整。

下面就以 3.3.3 节的例题为例，进一步学习 Simulink 软件的仿真方法。

1. 电流环的仿真

电流环的仿真模型如图 3-23 所示，其中晶闸管整流装置输出电流可逆。

在仿真模型中增加了一个饱和非线性模块(Saturation)，它来自于 Discontinuities 组，双击该模块，把饱和上界(Upper limit)和下界(Lower limit)参数分别设置为本例题的限幅值 +10 和 −10，如图 3-24 所示。

在按工程设计方法设计电流环时，暂不考虑反电动势变化的动态影响，而在图 3-23 所示的电流环的仿真模型中，已把反电动势的影响考虑进去，它可以得到更真实的仿真结果。

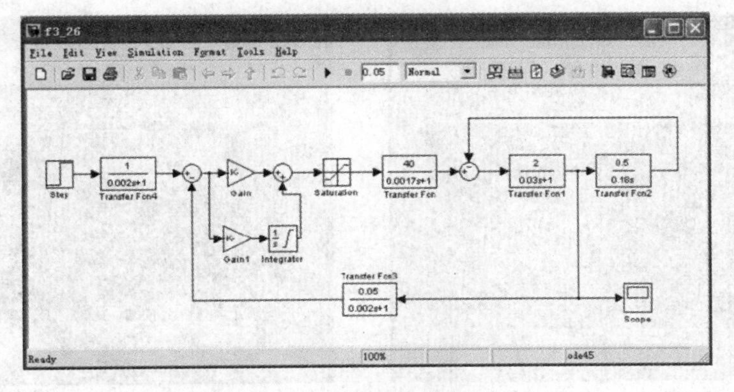

图 3-23 电流环的仿真模型

Function Block Parameters: Saturation1

Saturation

Limit input signal to the upper and lower saturation values.

Parameters

Upper limit:

10

Lower limit:

-10

☑ Treat as gain when linearizing

☑ Enable zero crossing detection

Sample time (-1 for inherited):

-1

OK　Cancel　Help　Apply

图 3-24 Saturation 模块对话框

选中 Simulink 模型窗口的 Simulation→Configuration Parameters 菜单项，把 Start time 和 Stop time 栏目分别填写为 0.0 s 和 0.05 s。启动仿真过程，用自动刻度（Autoscale）调整示波器模块所显示的曲线，得到图 3-25 所示的曲线。阶跃响应过程在曲线中都完整地反映出来了。

图 3-25 的 PI 参数是根据例 3-1 计算的结果设定的，参数关系是 $KT=0.5$。在此基础上，利用图 3-23 的仿真模型，可以观察 PI 参数对跟随性能指标的影响趋势，找到符合工程要求的更合适的参数。例如，以 $KT=0.25$ 的关系式按典型I型系统的设计方法得到了 PI 调节器的传递函数为 $0.5067+\dfrac{16.89}{s}$，很快地得到了电流环的阶跃响应的仿真结果，如图 3-26所示，无超调，但上升时间长；以 $KT=1.0$ 的关系式得到了 PI 调节器的传递函数为 $2.027+\dfrac{67.567}{s}$，同样得到了电流环的阶跃响应的仿真结果，如图 3-27 所示，超调大，但上升时间短。

观察图 3-25、图 3-26 和图 3-27 的仿真曲线，在直流电动机的恒流升速阶段，电流值低于 $\lambda I_{N}=200$ A，其原因是电流调节系统受到电动机反电动势的扰动（见图 3-23），它是个线性渐增的扰动量，所以系统做不到无静差，而是 I_{d} 略低于 I_{dm}。

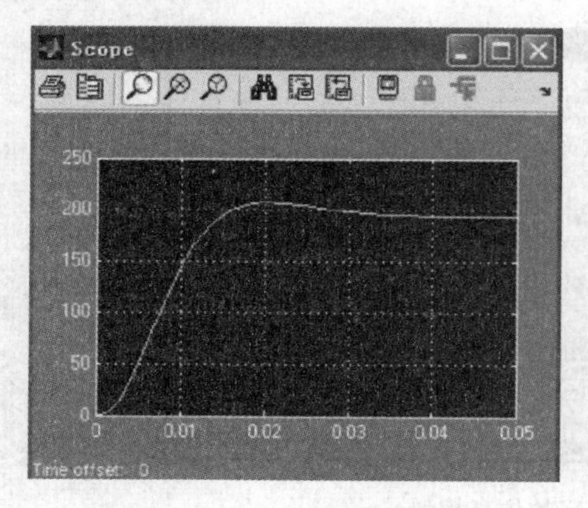

图 3-25　电流环的仿真结果

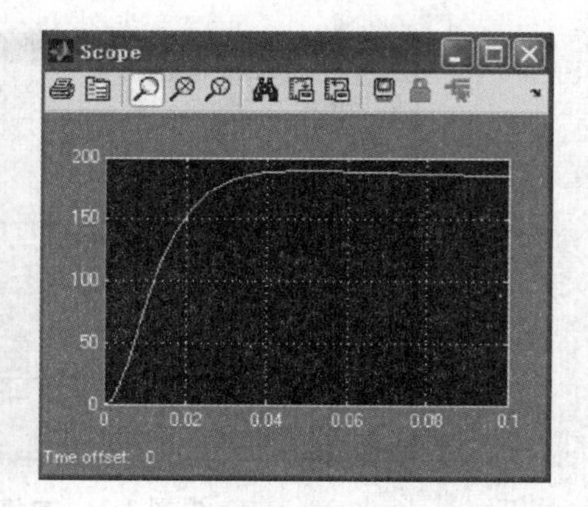

图 3-26　无超调的仿真结果

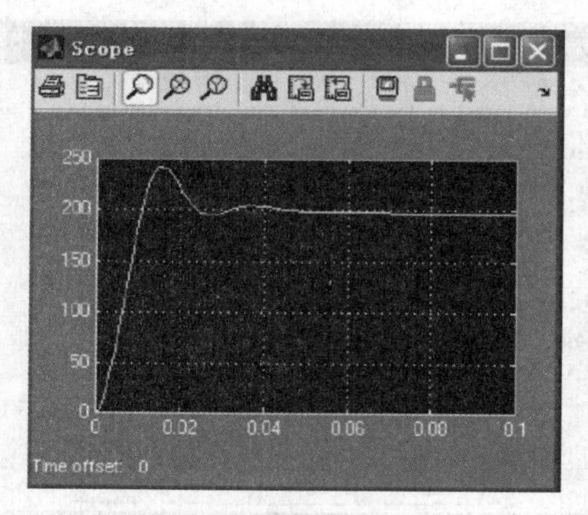

图 3-27　超调量较大的仿真结果

2. 转速环的系统仿真

转速环的仿真模型如图 3-28 所示。为了在示波器模块中反映出转速与电流的关系，仿真模型从 Signal Routing 组中选用了 Mux 模块来把几个输入聚合成一个向量输出给 Scope。图 3-29 所示是聚合模块的对话框，可以在 Number of inputs 栏目中设置输入量的个数。Step 1 模块是用来输入负载电流的。PI 参数采用例题 3-1 的设计结果，其传递函数为 $11.7+\frac{134.48}{s}$。双击阶跃输入模块，把阶跃值设置为 10，得到启动时的转速与电流响应曲线，如图 3-30 所示，最终稳定运行于给定转速。如把负载电流设置为 136，满载启动，其转速与电流响应曲线如图 3-31 所示，启动时间延长，退饱和超调量减小。

利用转速环仿真模型同样可以对转速环抗扰过程进行仿真，它是在负载电流 $I_{dL}(s)$ 的输入端加上负载电流，图 3-32 所示是在空载稳定运行时突加额定负载的转速与电流响应曲线。

MATLAB 下的 Simulink 软件具有强大的功能，而且在不断地得到发展，随着它的版本的更新，各个版本的模块的表示形式略有不同，但本书所采用的都是基本仿真模块，可以在有关的模块组中找到。进一步学习和应用 Simulink 软件的其他模块，会为工程设计带来方便。

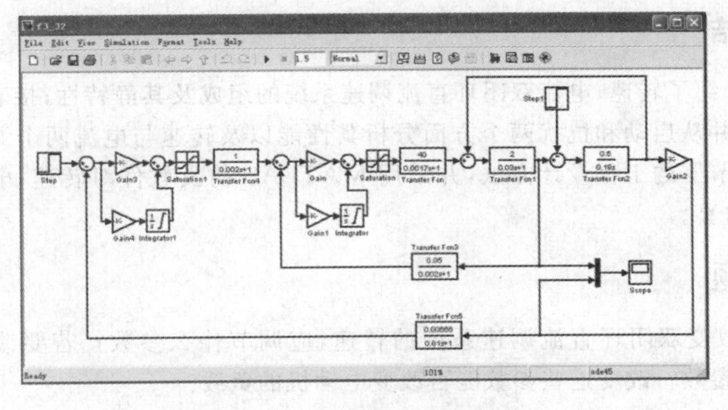

图 3-28　转速环的仿真模型

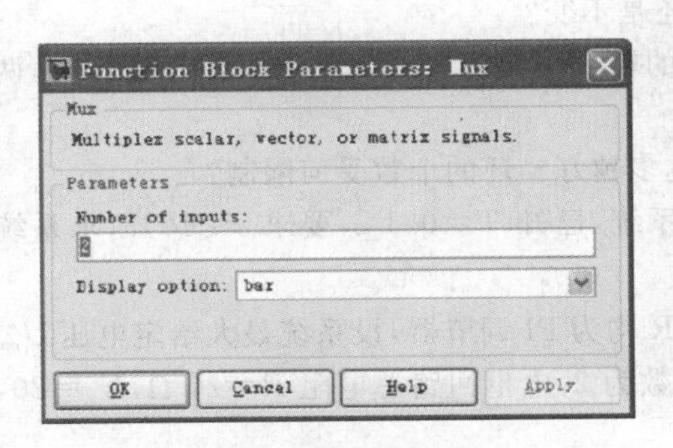

图 3-29　聚合模块对话框

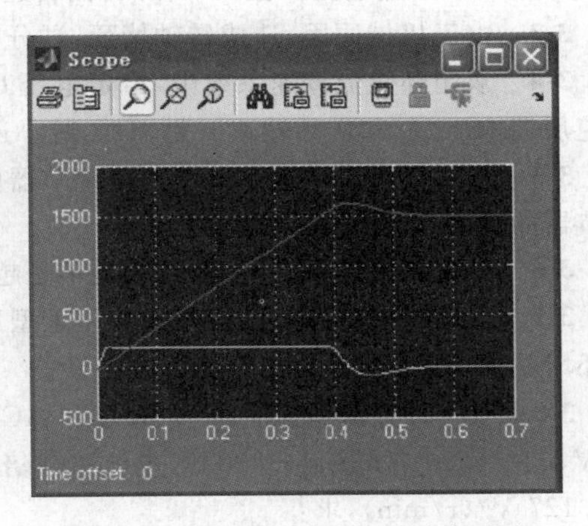

图 3-30　转速环空载高速启动波形图

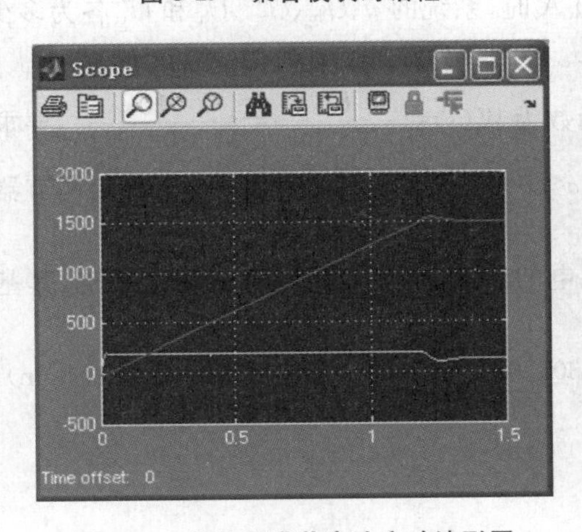

图 3-31　转速环满载高速启动波形图

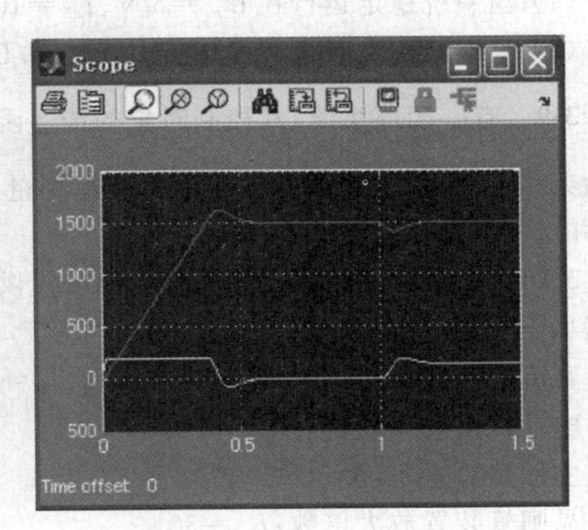

图 3-32　转速环的抗扰波形图

在工程设计时，首先根据典型Ⅰ型系统或典型Ⅱ型系统的设计方法计算调节器参数，然后利用 MATLAB 下的 Simulink 软件进行仿真，灵活修正调节器参数，直至得到满意的结果。

本章小结

本章首先介绍了转速、电流双闭环直流调速系统的组成及其静特性；接着阐述了系统的动态数学模型，并从启动和抗扰两个方面分析其性能以及转速与电流两个调节器的控制作用；然后介绍调节器的工程设计方法，并采用 MATLAB 仿真软件对转速、电流双闭环直流调速系统进行仿真。

本章习题

3-1 若要改变双闭环直流调速系统的转速，应调节什么参数？若要改变系统启动电流，应调节什么参数？改变这些参数能否改变电动机的负载？

3-2 双闭环直流调速系统启动过程的恒流升速阶段，两个调节器各起什么作用？如果认为电流调节器起电流恒值调节作用，而转速调节器因不饱和不起作用，对吗？为什么？

3-3 由于机械原因，造成转轴堵死，试分析双闭环直流调速系统的工作状态。

3-4 双闭环直流调速系统中，给定电压 U_n^* 不变，增加转速负反馈系数 α，系统稳定后转速反馈电压 U_{fn} 和实际转速 n 是增加、减小还是不变？

3-5 双闭环直流调速系统中两个调节器的输出限幅值应如何整定？稳态运行时，两个调节器的输入、输出电压各为多少？

3-6 在直流调速系统中，闭环数是不是越多越好？环的个数受何限制？

3-7 某反馈控制系统已校正成典型Ⅰ型系统，已知 $T=0.1$ s，要求 $\sigma\leqslant 10\%$，求系统的开环增益 K，计算 t_s 并绘出开环幅频特性。

3-8 双闭环直流调速系统的 ASR 和 ACR 均为 PI 调节器，设系统最大给定电压 $U_{nm}^*=15$ V，$n_N=1500$ r/min，$I_N=20$ A，电流过载倍数为 2，电枢回路总电阻 $R=20$ Ω，$K_s=20$，$C_e=0.127$ V/(r/min)，求：

(1) 当系统稳定运行在 $U_n^*=5$ V、$I_{dL}=10$ A 时，系统的 n、U_{fn}、U_i^*、U_{fi}和 U_{ct}各为多少？

(2) 当电动机负载过大而堵转时，U_i^* 和 U_{ct}各为多少？

3-9 有一闭环系统，其控制对象的传递函数为 $W(s)=\dfrac{K_1}{s(Ts+1)}=\dfrac{10}{s(0.02s+1)}$，要求校正为典型Ⅱ型系统，在阶跃输入下系统超调量 $\sigma\leqslant 30\%$（按线性系统考虑）。试决定调节器结构，并选择其参数。

3-10 一个由三相零式晶闸管变流装置供电的转速、电流双闭环直流调速系统，其基本数据如下：

直流电动机：$P_N=60$ kW；$U_N=220$ V，$I_N=305$ A，$n_N=1000$ r/min；$C_e=0.2$ V/(r/min)。

电动机上总飞轮矩：$GD^2=294$ N·m²。

主回路总电阻：$R=0.18$ Ω。

晶闸管装置放大倍数：$K_s=30$。

时间常数：$T_s=0.0017$ s。

电磁时间常数：$T_L=0.012$ s。

机电时间常数：$T_m=0.12$ s。

反馈滤波时间常数：$T_i=0.0025$ s，$T_n=0.014$ s。

额定转速下的给定电压：$U_n^*=15$ V。

调节器饱和输出电压：10 V。

最大启动电流：$I_{dm}=1.2I_N$。

系统的调速范围：$D=10$。

（1）求转速反馈系数 α 和电流反馈系数 β。

（2）系统的静、动态指标为：无静差，电流超调量 $\sigma_i \leqslant 5\%$，启动到额定转速时超调量 $\sigma_{n(N)} \leqslant 10\%$。试设计 ACR 和 ASR，画出电路图，并计算 R、C 参数。取调节器输入回路电阻 $R_0=20\ k\Omega$。

（3）计算最低速启动时的超调量。

（4）计算空载启动到额定转速的时间。

（5）校验近似条件。

第4章 直流脉宽调速控制系统

4.1 调速控制系统的基本结构和原理

由晶闸管变流装置控制的直流调速系统(V-M 系统),因其线路简单、效率高、体积小、成本低、无噪声等优点,在一般工业上得到了广泛应用,尤其是在大功率系统中的运用。但是从控制特性中可见该系统在处于深调速状态时,晶闸管的导通角很小,使得系统的功率因数很低,并产生较大的谐波电流,引起电网电压畸变,殃及附近的用电设备。一旦其设备容量在电网中所占比例较大,还将造成所谓的电力公害,此时,必须增设无功补偿和谐波滤波装置。

随着全控型电力电子器件的问世,出现了脉宽调制变换器。该变换器的作用是采用脉冲宽度调制的方法,将一种恒定的直流电源电压调制成频率一定、宽度可变的脉冲电压序列,从而改变平均输出电压的大小,以调节电动机转速。这种由全控器件控制直流电动机调速的脉宽调制系统(PWM 系统)与 V-M 系统相比,主电路简单,开关频率高,电流容易连续,谐波少,电动机损耗及发热都较小,低速性能好,稳速精度高,调速范围宽,快速响应性能好,动态抗扰能力强。电力电子开关器件工作在开关状态,导通损耗小,当开关频率适当时,开关损耗也不大,因而装置效率较高。直流电源采用不控整流时,电网功率因数比相控整流器高。基于以上 PWM 系统的优势,随着全控型器件耐压、过流能力的不断提高,控制性能的进一步完善,直流脉宽调速控制系统(PWM-M)将会逐渐取代直流调速系统(V-M),拥有更广阔的市场前景。

常用的全控电力电子器件包括电力晶体管(GTR)、可关断晶闸管(GTO)、电力电子场效应晶体管(power MOSFET)、绝缘栅双极型晶体管(IGBT)、MOS 控制晶闸管(MCT)等,这些全控器件构成的直流脉宽调速系统原理一样,只是不同器件具有不同的驱动、保护及其他器件使用要求。本节将以 IGBT 为例对直流脉宽调制系统的工作原理、特性及电路进行分析介绍。

4.1.1 脉宽调制的基本原理

脉宽调制调速控制系统的原理图及输出电压波形如图 4-1 所示,系统通常采用公共直流电源或者蓄电池供电。

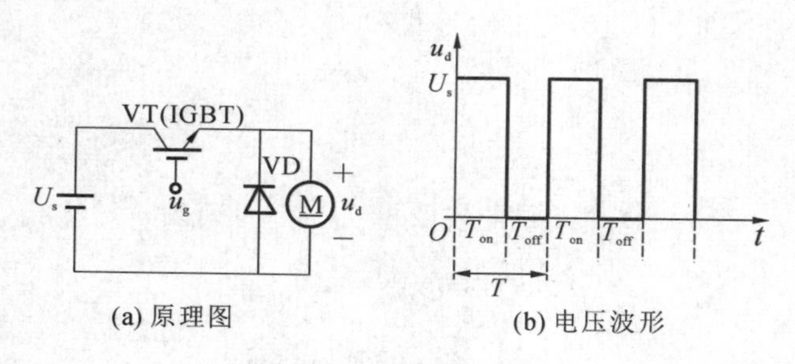

(a) 原理图　　(b) 电压波形

图 4-1　脉宽调制系统

原理图图 4-1(a)中,VT 的控制门极(栅极)由脉宽可调的脉冲电压 u_g驱动,在一个开关

周期 T 内，当 $0\leqslant t<T_{on}$ 时，u_g 为正，VT 饱和导通，电源电压 U_s 通过 VT 加到直流电动机电枢两端。当 $T_{on}\leqslant t<T$ 时，u_g 为负，VT 关断，电枢电路中的电流通过续流二极管 VD 续流，此时直流电动机电枢电压近似为零。电枢端电压波形如图 4-1(b)所示。电动机电枢两端平均电压 U_d 为

$$U_d=\frac{T_{on}}{T_{on}+T_{off}}U_s=\frac{T_{on}}{T}U_s=\rho U_s \tag{4-1}$$

式中：$\rho=\dfrac{T_{on}}{T_{on}+T_{off}}=\dfrac{T_{on}}{T}$，为一个周期 T 中 VT 导通时间的比率，称为负载率或占空比。通过以下三种不同方式改变占空比 ρ 的值，可达到主电路调压的目的，从而实现电动机的平滑调速：

(1) 定宽调频法：保持 T_{on} 一定，改变 T_{off}；

(2) 调宽调频法：保持 T_{off} 一定，改变 T_{on}；

(3) 定频调宽法：保持 $T_{on}+T_{off}$ 一定，改变 T_{on}。

根据电枢电流是否改变方向，可将 PWM 变换器电路分为不可逆与可逆两大类，以及一种电流能够反向的带制动电流通路的不可逆 PWM 直流电动机系统。下面将对由 IGBT 组成的不可逆和可逆 PWM 变换器以及产生 PWM 脉冲的控制电路进行阐述。

4.1.2 PWM 变换器

1. 不可逆 PWM 变换器

图 4-2(a)所示是由 IGBT 组成的简单的不可逆 PWM 变换器-直流电动机系统主电路原理图，也称直流降压斩波器。电路中电源 U_s 一般由不可控电源提供；电容 C 为大电容，用于滤波；电动机电枢为脉宽调制器的负载，可看为电阻-电感-反电动势负载。二极管 VD 在 IGBT 关断时为电枢回路提供释放电感储存能的续流回路。

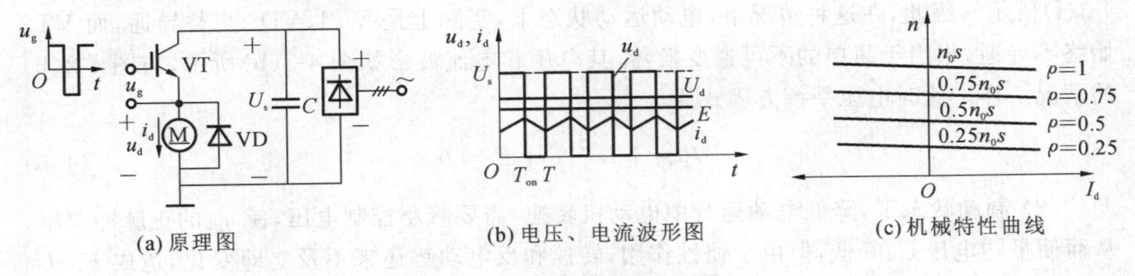

(a) 原理图　　(b) 电压、电流波形图　　(c) 机械特性曲线

图 4-2　不可逆 PWM 变换器

VT 的控制门极(栅极)由脉宽可调的脉冲电压 u_g 驱动，在一个开关周期 T 内，当 $0\leqslant t<T_{on}$ 时，u_g 为正，VT 饱和导通，电源电压 U_s 通过 VT 加到直流电动机电枢两端；当 $T_{on}\leqslant t<T$ 时，u_g 为负，VT 截止，电枢失去电源，并通过二极管 VD 进行续流。因此，直流电动机电枢两端的平均电压为

$$U_d=\frac{T_{on}}{T}U_s=\rho U_s \tag{4-2}$$

改变占空比 $\rho(0\leqslant\rho\leqslant1)$，即可改变电枢两端平均电压，从而实现直流电动机的调速。若令 $\gamma=\dfrac{U_d}{U_s}$ 为电压系数，则在不可控 PWM 变换器中 $\gamma=\rho$。

图 4-2(b)所示为稳定状态时脉冲端电压 u_d、电枢平均电压 U_d 和电枢电流 i_d 的波形。由

图可见，稳态电流是脉动的，其平均值等于负载电流 $I_{dL}=T_L/(C_T\varphi)$。设连续的电枢脉冲电流 i_d 的平均值为 I_d，稳态转速相应的反电动势为 E，电枢回路总电阻为 R，则由回路平衡电压方程可推导出机械特性方程为

$$n=\frac{E}{K_e\varphi}=\frac{U_d-RI_d}{K_e\varphi}=\frac{\rho U_s}{K_e\varphi}-\frac{RI_d}{K_e\varphi} \tag{4-3}$$

令 $n_0=\frac{\rho U_s}{K_e\varphi}$ 为调速系统的空载转速，与占空比成正比；$\Delta n=\frac{RI_d}{K_e\varphi}$ 为负载电流造成的转速降，则

$$n=n_0-\Delta n \tag{4-4}$$

当电流连续时，调节占空比 ρ，可得到如图 4-2(c)所示的一簇平行的机械特性曲线。

从图 4-2 可以看出，简单不可逆变换器电路中，电流 i_d 不能反向，电动机无法反转，不能产生制动作用，只能做单象限运行。要使电动机能够产生制动作用，电路中必须具有反方向电流 $-i_d$ 的通路，因此将图 4-2(a)中的 VT 和 VD 改为图 4-3(a)中的 VT1 和 VD2，再增设 VT2 和 VD1，就构成带制动回路的不可逆变换器电路。VT2 和 VD1 的功能是构成反向电枢电流通路，因此 VT2 被称为辅助管，而 VT1 被称为主管。VT1 和 VT2 的驱动电压大小相等、方向相反，即 $u_{g1}=-u_{g2}$。该电路的运行存在以下三种情况：

(1) 一般电动状态下，VT2 在 VD2 两端产生的压降的作用下始终没有导通。

当 $0\leqslant t<T_{on}$ 时，u_{g1} 为正，VT1 饱和导通；u_{g2} 为负，VT2 截止。此时，电源电压 U_s 加到电枢两端，电流 i_{d1} 沿回路 1 流通，如图 4-3(e)所示。此时 U_s 为

$$U_s=Ri_{d1}+L\frac{di_{d1}}{dt}+E \tag{4-5}$$

当 $T_{on}\leqslant t<T$ 时，u_{g1} 和 u_{g2} 都变换极性，VT1 截止，但 VT2 却不能导通，因为 i_{d2} 沿回路 2 经二极管 VD2 续流，在 VD2 两端产生的压降给 VT2 施加反压，使它失去导通的可能，如图 4-3(f)所示。因此，在这种情况下，电动运动状态下，实际上是 VT1、VD2 交替导通，而 VT2 始终不导通，相当于简单的不可逆变换器，其电压和电流波形如图 4-3(b)所示，与图 4-2(b)的情况一样。此时电压平衡方程式为

$$Ri_{d2}+L\frac{di_{d2}}{dt}+E=0 \tag{4-6}$$

(2) 制动状态下，降低电动运行中电动机转速，需要减小控制电压，使 u_{g1} 的正脉冲变窄，从而使平均电压 U_d 降低，但由于惯性作用，转速和反电动势还来不及立即变化，造成 $E>U_d$ 的局面。这时 VT2 就在电动机制动中发挥作用。

当 $T_{on}\leqslant t<T$ 时，如图 4-3(c)所示，此时 u_{g2} 为正，VT2 导通，电动机反向电压 $(E-U_d)$ 产生的反向电流 i_{d3} 沿回路 3 通过 VT2 流通，产生能耗制动，直到 $t=T$ 为止，如图 4-3(g)所示。反电动势为

$$E=Ri_{d3}+L\frac{di_{d3}}{dt} \tag{4-7}$$

当 $T\leqslant t<T+T_{on}$ 时，VT2 截止，i_{d4} 沿回路 4 通过 VD1 续流，对电源回馈制动，同时在 VD1 上的压降使 VT1 不能导通，如图 4-3(h)所示。在整个制动过程中，VT2、VD1 轮流导通，而 VT1 始终截止，电压和电流波形如图 4-3(c)所示。此时电压平衡方程式为

$$E-U_s=Ri_{d4}+L\frac{di_{d4}}{dt} \tag{4-8}$$

反向电流的制动作用使电动机转速下降，直到新的稳态。最后应该指出，当直流电源采

用半导体整流装置时，在回馈制动阶段电能不可能通过它送回电网，只能向滤波电容 C 充电，从而造成瞬间的电压升高，通常称作“泵升电压”。如果回馈能量大，泵升电压升至过高，将危及器件 IGBT 和整流二极管，必须采取措施加以限制。

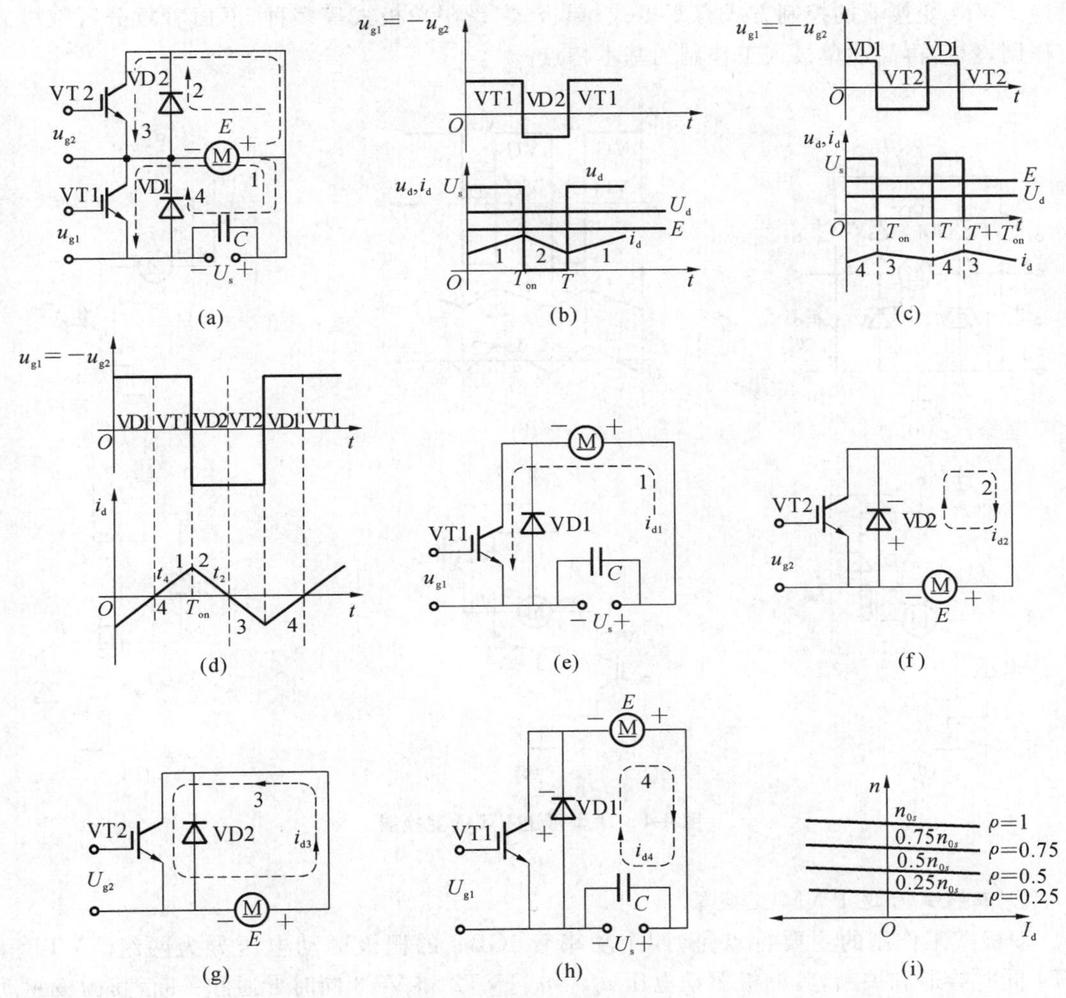

图 4-3　带制动回路的不可逆变换器

(3) 轻载电动状态下，负载电流较小。

当 $T_{on} \leqslant t < T$ 时，VT1 截止后，i_{d2} 沿回路 2 经二极管 VD2 续流时，还没有到达时间周期 T，电流在时间 $t = t_2$ 时衰减到零，VD2 两端电压也降为零，VT2 提前导通，使电流反向，产生局部时间的制动作用。

当 $T \leqslant t < T + T_{on}$ 时，VT2 截止，VD1 续流，并使 i_{d4} 很快衰减到零，从而使 VT1 导通，使电流正向。这种在一个开关周期内 VT1、VD2、VT2、VD1 四个管子轮流导通的电压和电流变化波形如图 4-3(d)所示，其开环机械特性如图 4-3(i)所示。

图 4-3(a)所示电路之所以为不可逆是因为平均电压 U_d 始终大于零，电流虽然能够反向，但电压和转速仍不能反向。如果要求转速反向，需要再增加 VT 和 VD，构成可逆的 PWM 变换器-直流电动机系统。

2. 可逆 PWM 变换器

可逆 PWM 变换器主电路有多种形式，最常用的是桥式（通常称 H 型）电路，如图 4-4(a)所示，电动机 M 两端电压 U_{AB} 的极性随全控型电力电子器件的开关状态而改变。可逆 PWM 变换器的控制方式有双极式、单极式、受限单极式等多种，下面着重分析双极式工作制，然后再简述单极式工作制的基本特点。

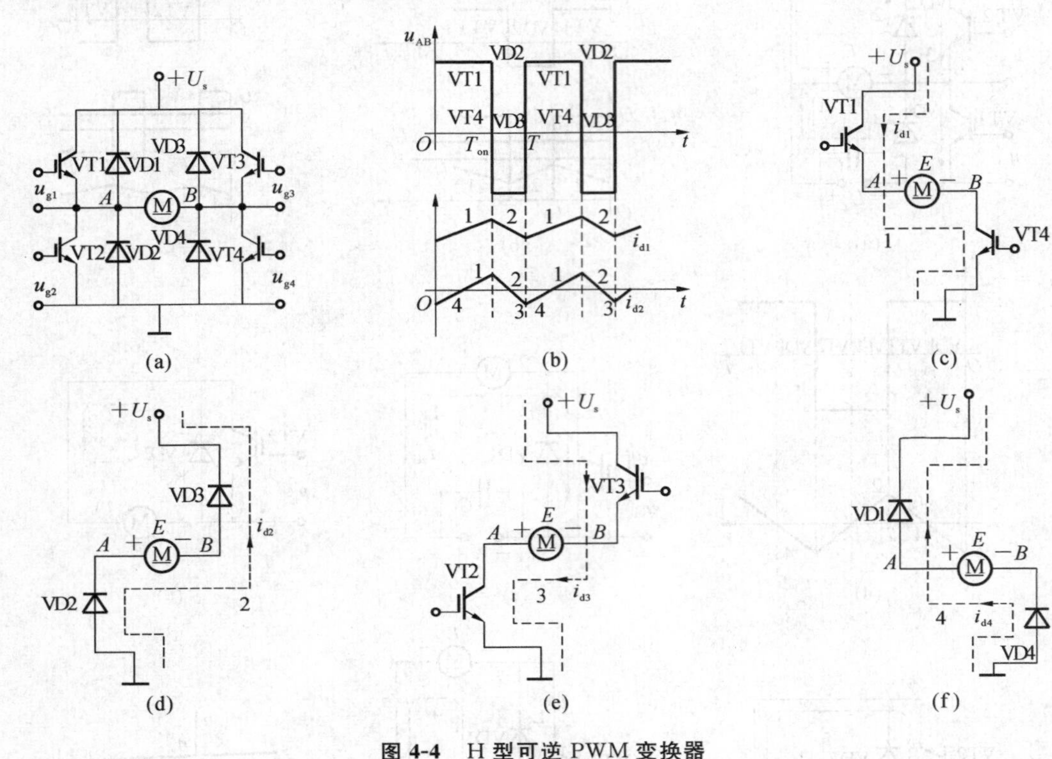

图 4-4　H 型可逆 PWM 变换器

1) 双极式可逆 PWM 变换器

双极式工作制的主要特点是，四个功率管 IGBT 的栅极驱动电压分为两组。VT1 和 VT4 同时导通和关断，其栅极驱动电压 $u_{g1}=u_{g4}$；VT2 和 VT3 同时导通和关断，其栅极驱动电压 $u_{g2}=u_{g3}$。

在一个开关周期内，当 $0\leqslant t<T_{on}$ 时，u_{g1} 和 u_{g4} 为正，功率管 VT1 和 VT4 饱和导通；而 u_{g2} 和 u_{g3} 为负，VT2 和 VT3 截止。这时 $+U_s$ 加在电枢 AB 两端，$U_{AB}=U_s$，电枢电流 i_{d1} 沿回路 1 流通，如图 4-4(c)所示。

当 $T_{on}\leqslant t<T$ 时，u_{g1} 和 u_{g4} 变负，VT1 和 VT4 截止；u_{g2} 和 u_{g3} 变正，但 VT2 和 VT3 并不能立即导通，因为在电枢电感释放储能的作用下，i_{d2} 沿回路 2 经 VD2、VD3 续流，如图4-4(d)所示。在 VD2、VD3 上的压降使 VT2 和 VT3 的 c-e 极承受着反压，这时 $U_{AB}=-U_s$。U_{AB} 在一个周期内正负相间，这是双极式工作制的特征，其电压、电流波形如图 4-4(b)所示。

由于电压 U_{AB} 的正、负变化，电流波形出现两种情况，如图 4-4(b)中的 i_{d1} 和 i_{d2} 所示。i_{d1} 为电动机负载较重的情况，这时平均负载电流大，在续流阶段电流仍维持正方向，电动机始终工作在第一象限的电动状态。i_{d2} 为负载很轻的情况，平均电流小，在续流阶段电流很快衰减到零，于是 VT2 和 VT3 的 c-e 极两端失去反压，在负的电源电压 $-U_s$ 和电枢电动势的共同作用下导通，电枢电流反向，沿回路 3 流通，电动机处于制动状态，如图 4-4(e)所示。同理，在 $0 \leqslant t < T_{on}$ 期间，当负载轻时，电流也有一次倒向。随着反向电流的增加，VT2 和 VT3 的触发脉冲消失，触发脉冲切换到 VT1 和 VT4，电流沿如图 4-4(f)所示回路续流，反向电流减小，直到变为 0 后 VT1 和 VT4 导通，电流重新沿图 4-4(c)所示回路导通。

双极式可逆 PWM 变换器的输出平均电压为

$$U_d = \frac{T_{on}}{T}U_s - \frac{T - T_{on}}{T}U_s = \left(\frac{2T_{on}}{T} - 1\right)U_s \tag{4-9}$$

若双极式可逆变换器中占空比 ρ 与电压系数 γ 的定义与不可逆变换器中相同，则双极式可逆变换器的电压系数与占空比的关系为

$$\gamma = 2\rho - 1 \tag{4-10}$$

由此可见调速时，ρ 的可调范围仍为 0～1，而 γ 相应地变为 −1～1。当 $\rho > \frac{1}{2}$ 时，γ 为正，电动机正转；当 $\rho < \frac{1}{2}$ 时，γ 为负，电动机反转；当 $\rho = \frac{1}{2}$ 时，$\gamma = 0$，电动机停止，电动势不变，但是实际上电枢两端的瞬时电压和瞬时电流都不为零，而是交变的。这个交变电流的平均值为零，不产生平均转矩，会增大电动机的损耗。但是它的优点在于使电动机带有高频微振电流，从而消除正、反向时的静摩擦死区，起着“动力润滑”的作用，有利于可逆运行。

通过分析可以看出，双极式可逆 PWM 变换器的优点为：

① 电流一定连续；

② 可使电动机四象限运行；

③ 电动机停止时有微振电流，能消除静摩擦死区；

④ 低速平稳性好，系统的调速范围大；

⑤ 低速时，每个开关器件的驱动脉冲仍较宽，有利于保证器件的可靠导通。

2) 单极式可逆 PWM 变换器

单极式工作制的特点是，VT1 和 VT2 的驱动脉冲 $u_{g1} = -u_{g2}$，具有与双极式一样的正负交替的脉冲波形，使得 VT1 和 VT2 交替导通。而 VT3 和 VT4 的驱动脉冲则根据电动机的转向施加不同的直流控制信号。当电动机正转时，u_{g3} 恒为负，u_{g4} 恒为正。反之，电动机反转时，u_{g3} 恒为正，u_{g4} 恒为负。

电动机正转时，u_{g3} 恒为负，u_{g4} 恒为正，则 VT3 截止而 VT4 导通，在一个开关周期内，当 $0 \leqslant t < T_{on}$ 时，u_{g1} 为正，u_{g2} 为负，u_{g3} 为负，u_{g4} 为正，则 VT1 和 VT4 导通，VT2 和 VT3 截止，$U_{AB} = +U_s$，电枢电流沿回路 1 导通。当 $T_{on} \leqslant t < T$ 时，u_{g1} 为负，VT1 截止，电枢电流 i_d 沿着续流二极管 VD2→电枢→VT4 回路流通，以释放回路中的磁场能量。$U_{AB} = 0$，由于 VD2 导通，VT2 不通。

电动机反转时，在一个开关周期内，当 $0 \leqslant t < T_{on}$ 时，u_{g1} 为负，u_{g2} 为正，u_{g3} 为正，u_{g4} 为负，则 VT2 和 VT3 导通，VT1 和 VT4 截止，$U_{AB} = -U_s$，电枢电流沿回路 3 导通。当 $T_{on} \leqslant t < T$ 时，u_{g2} 为负，VT2 截止，电枢电流 i_d 沿着续流二极管 VD1→电枢→VT3 回路流通，以释放回路中的磁场能量。$U_{AB} = 0$，由于 VD1 导通，VT1 不通。

在电动机朝一个方向旋转时，电路输出单一极性的脉冲电压，如图 4-5 所示，所以称为单极式控制，其电压占空比和不可逆电路一样。由于 VT3 和 VT4 总有一个长通、一个长断，所以不存在频繁的交替导通，因而其开关损耗要小于双极式变换器，装置可靠性比较高。

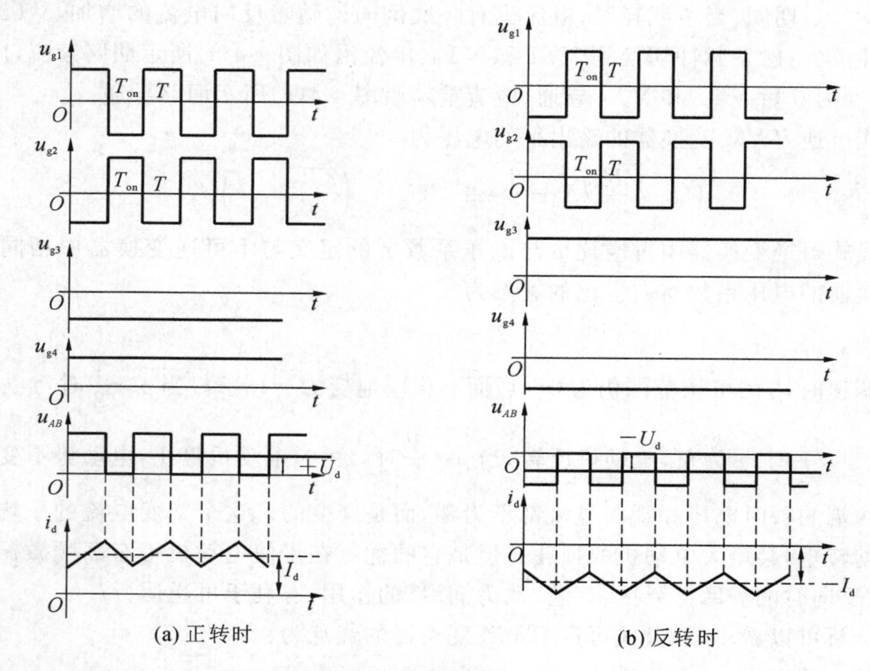

图 4-5　单极式 PWM 变换器电压和电流波形

4.1.3　PWM 伺服系统的开环机械特性

系统采用脉宽调制时，即使在稳态情况下，直流 PWM 调速系统的转矩和转速也都是脉动的。所谓稳态，是指电动机的平均电磁转矩与负载转矩相平衡的状态，电枢电流实际上是周期性变化的，严格说只能算作是“准稳态”。脉宽调速系统在准稳态下的机械特性是指其平均转速与平均转矩(电流)的关系。

前面已介绍的带制动电流通路的不可逆 PWM 电路、双极式可逆 PWM 电路、单极式可逆 PWM 电路，这几种 PWM 变换器的准稳态的电压、电流波形都是相似的。由于电路中具有反向电流通路，在同一转向下电流可正可负，无论是重载还是轻载，电流波形都是连续的，因而机械特性关系式比较简单，现就此简要分析如下。

对于有制动能力的不可逆电路和单极式可逆电路，其电压平衡方程式分可为 $0 \leqslant t < T_{on}$ 及 $T_{on} \leqslant t < T$ 两个阶段：

$$\begin{cases} U_s = Ri_d + L\dfrac{di_d}{dt} + E & (0 \leqslant t < T_{on}) \\ 0 = Ri_d + L\dfrac{di_d}{dt} + E & (T_{on} \leqslant t < T) \end{cases} \tag{4-11}$$

式中：R、L 分别为电枢电路的电阻和电感。

对于双极式可逆电路，只有第二个方程中的电源电压改为 $-U_s$，其他不变，即

$$\begin{cases} U_s = Ri_d + L\dfrac{di_d}{dt} + E & (0 \leqslant t < T_{on}) \\ -U_s = Ri_d + L\dfrac{di_d}{dt} + E & (T_{on} \leqslant t < T) \end{cases} \tag{4-12}$$

上述各种情况下，电枢两端在一个周期内的平均电压都为 $U_d = \gamma U_s$。平均电流和平均

电磁转矩分别用 I_d 和 T_e 表示，平均转速 $n=\dfrac{E}{C_e}$，而电枢电感压降 $L\dfrac{di_d}{dt}$ 的平均值在稳态时为零。因此，式(4-11)和式(4-12)的平均值方程都可写为

$$\gamma U_s = RI_d + E = RI_d + C_e n \tag{4-13}$$

则机械特性方程式为

$$n = \frac{\gamma U_s}{C_e} - \frac{R}{C_e} I_d = n_0 - \frac{R}{C_e} I_d \tag{4-14}$$

或用转矩表示为

$$n = \frac{\gamma U_s}{C_e} - \frac{R}{C_e C_m} T_e = n_0 - \frac{R}{C_e C_m} T_e \tag{4-15}$$

式中：C_m 为电动机在额定磁通下的转矩系数，$C_m = K_m \varphi_N$；n_0 为理想空载转速，与电压系数 γ 成正比，$n_0=\dfrac{\gamma U_s}{C_e}$。

对于带制动的不可逆电路，$0\leqslant\gamma\leqslant1$，可得到如图4-6所示的机械特性，位于第Ⅰ、Ⅱ象限。对于可逆电路，$-1\leqslant\gamma\leqslant1$，其机械特性与图4-6相仿，只是扩展到了第Ⅲ、Ⅳ象限。

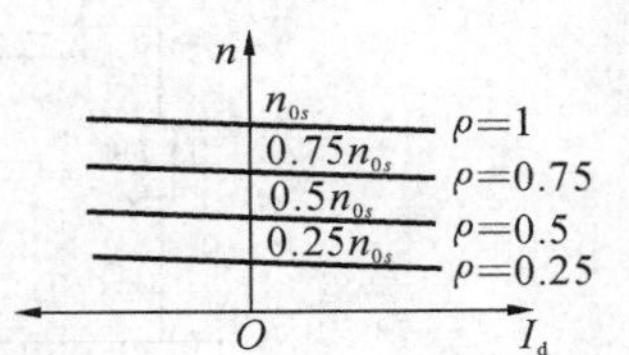

图4-6　带制动的不可逆电路开环机械特性

4.2　PWM调速系统的控制电路

PWM调速系统的控制电路如图4-7所示，主要由脉宽调制器、功率开关器、功率开关的驱动电路和保护电路组成，其中最关键的部件是脉宽调制器。

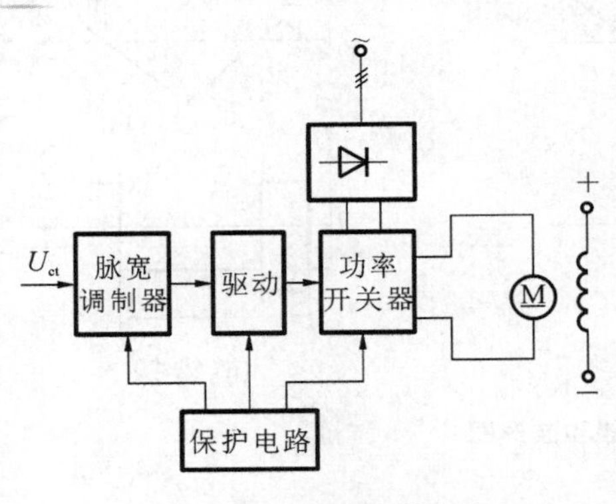

图4-7　PWM调速系统

4.2.1　脉宽调制器

脉宽调制器的工作原理是通过将控制电压 U_{ct} 与调制信号 U_t 比较，将控制电压变换为PWM变换器所需的脉冲信号，即为一种电压-脉冲变换装置。其中调制信号为希望输出的波形，可以为三角波，也可以为锯齿波。

图4-8所示为三角波脉宽调制器(调制信号为三角波)的电路图和波形图，其中运算放大器A1、A2、A3分别为方波发生器、反相积分器、电压比较器。A1与A2组成三角波振荡器，产生三角波电压信号作为调制信号 U_t，A3电压比较器用于调制信号 U_t 和控制电压 U_{ct} 的综合比较，输出PWM变换器所需的信号电压 u_{PWM}。

调制信号频率的选择与PWM变换器的开关器件有关，开关器件为IGBT时，则通常选10～20 kHz，具体计算公式如下

$$f = \frac{1}{T} = \frac{I_c}{CU_p} \tag{4-16}$$

式中：I_c 为电容器的充电电流，U_p 为峰值电压。

由图4-8(a)所示，将直流控制电压 U_{ct} 在比较器的输入端与 u_t 相加，并同时与负的偏移电压 U_t 进行比较。当 $U_{ct}=0$ 时，调节 U_t，使得比较器输出正、负半周脉冲相等的调制输出电压 u_{PWM}，可供双极式PWM变换器使用，如图4-8(b)所示。

当 $U_{ct}>0$ 时，输入端合成电压为正的宽度增大，即锯齿波过零时间提前，经过比较器后，输出正半波比负半波宽的调制输出电压，如图 4-8(c)所示。

当 $U_{ct}<0$ 时，输入端合成电压降低，正的宽度减小，锯齿波过零时间后移，经过比较器倒相后，输出正半波比负半波窄的调制输出电压，如图 4-8(d)所示。

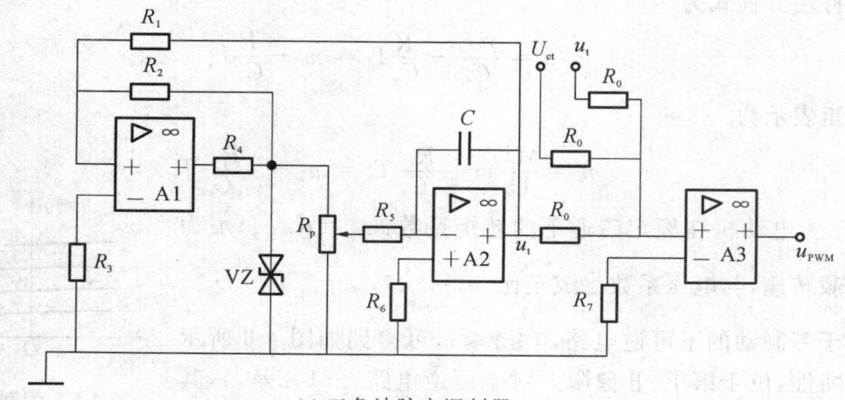

(a)三角波脉宽调制器

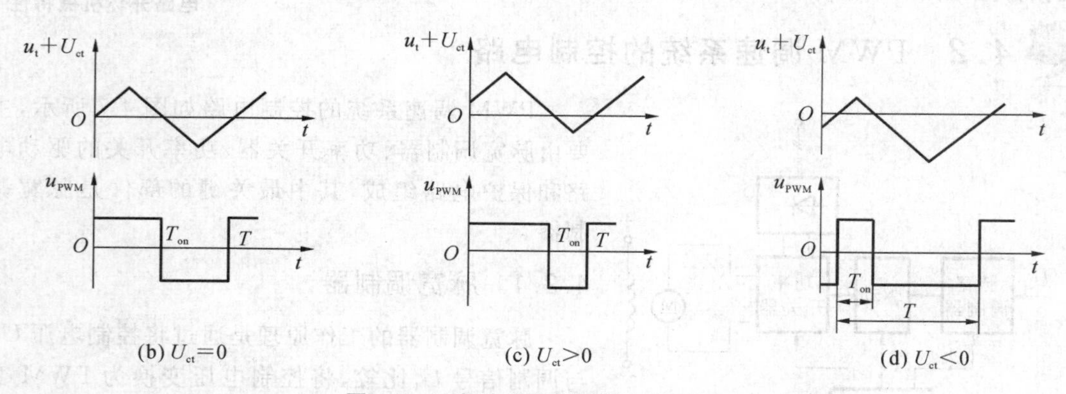

图 4-8　三角波脉宽调制器和波形图

因此，通过改变直流控制电压 U_{ct} 的大小，就能改变输出脉冲的宽度，从而改变电动机的转向。

4.2.2　集成 PWM 控制器

前面介绍的脉宽调制器基本原理是基于模拟脉宽调制器展开的，随着数字化控制技术的发展，目前出现了许多集成 PWM 控制电路，它们为脉宽调制传动系统的设计提供了方便，提高了系统的可靠性。下面将对常见的集成PWM 电路进行简单的介绍。

1. 系统框图

开环直流脉宽可逆调速系统框图如图 4-9 所示，主要包含 PWM 控制电路和 PWM 主电路两块线路板，还有逻辑延时、逻辑保护、光电隔离及驱动电路。直流 PWM 可逆调速系统与晶闸管可逆调速系统比较，具有线路简单、元器件少、调速范围宽等优点。

2. PWM 主电路及驱动电路

以下将对直流脉宽可逆调速系统的主电路及 PWM 控制电路原理进行介绍。PWM 主电路及驱动电路如图 4-10 所示。

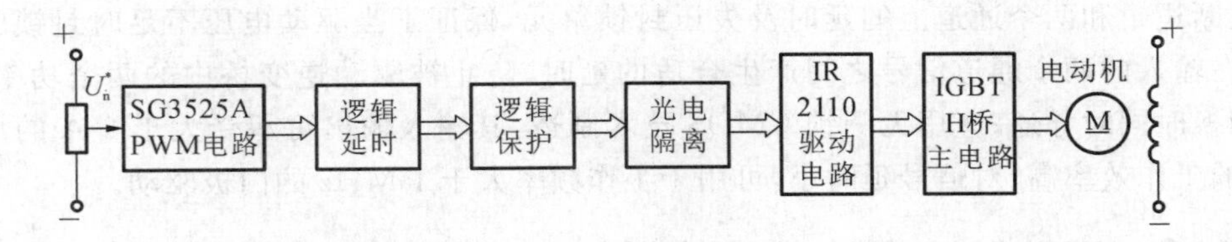

图 4-9　开环直流脉宽可逆调速系统框图

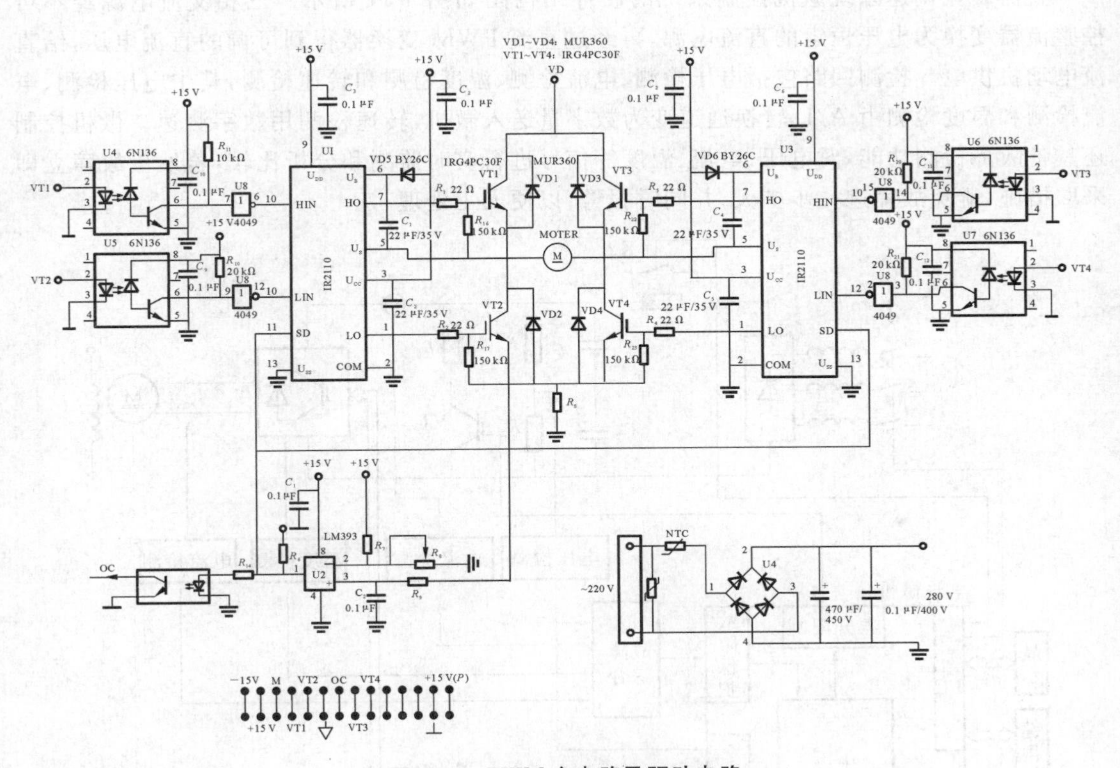

图 4-10　PWM 主电路及驱动电路

在 PWM 主电路中，当控制电路的信号未送入时，四个光电耦合器 6N136 的输出均为高电平，经反相器 4049 送入集成 PWM 电路 IR2110 的输入端，HIN、LIN 均为低电平，IR2110 的输出 HO、LO 也均为低电平，保证了无信号时，桥路的上、下两个 IGBT 均处于关断状态。

VT1～VT4 四个 IGBT 管、VD1～VD4 四个快速恢复二极管组成了一个典型的 H 桥电路。由于 IGBT 是电压控制器件，输入阻抗高，为防止静电感应损坏管子，在 IGBT 的门极与发射极间并联 150 kΩ 的电阻。门极回路串联的 22 Ω 电阻是为了防止门极回路产生振荡。

IR2110 是一种利用自身独有的高压集成电路及无闩锁 CMOS 技术的大功率 MOSFET 和 IGBT 专用驱动集成电路。集成电路 IR2110 使 MOSFET 和 IGBT 的驱动电路设计简化，加之它可实现对 MOSFET 和 IGBT 的最优驱动，又具有快速完整的保护功能，因而它的应用可极大地提高控制系统的可靠性并极大缩小印刷板的尺寸。

IR2110 采用自举技术，内部为自举操作设计的悬浮电源。同一集成电路可同时输出两个驱动信号给逆变桥中的上、下功率管。悬浮电源保证了 IR2110 直接可用于母线电压为 $-4\sim+500$ V 的场合；功耗很低，减少了栅极驱动电路的电源容量、体积和尺寸；兼容性好，其输入能与 CMOS 或 TTL 电平兼容；具有滞后和下拉特性的施密特触发器的输入级，上下沿的关断逻辑和两个通道上的延时及失压封锁单元，保证了当驱动电压不足时封锁驱动信号；可在输入的两个通道信号之间产生合适的延时，防止被驱动逆变桥中的两个功率 MOS 器件切换时同时导通；应用无闩锁 CMOS 技术制造，其输入输出可承受大于 2 A 的反向电流，它的工作效率高、对信号延时小，可用于工作频率大于 1 MHz 的门极驱动。

4.3 直流脉宽调速系统的微机实现

直流脉宽调速系统微机控制系统的硬件结构图如图 4-11 所示。三相交流电源经不可控整流器变换为电压恒定的直流电源，再经过直流 PWM 变换器得到可调的直流电压，给直流电动机供电。检测回路包括电压检测、电流检测、温度检测和转速检测，其中电压检测、电流检测和温度检测由 A/D 转换通道变为数字量送入微机，转速检测用数字测速。微机控制还具备故障检测功能，对电压、电流、温度等信号进行实时监测和分析比较，若发生故障立即采取措施，避免故障进一步扩大，并同时报警，以便人工处理。

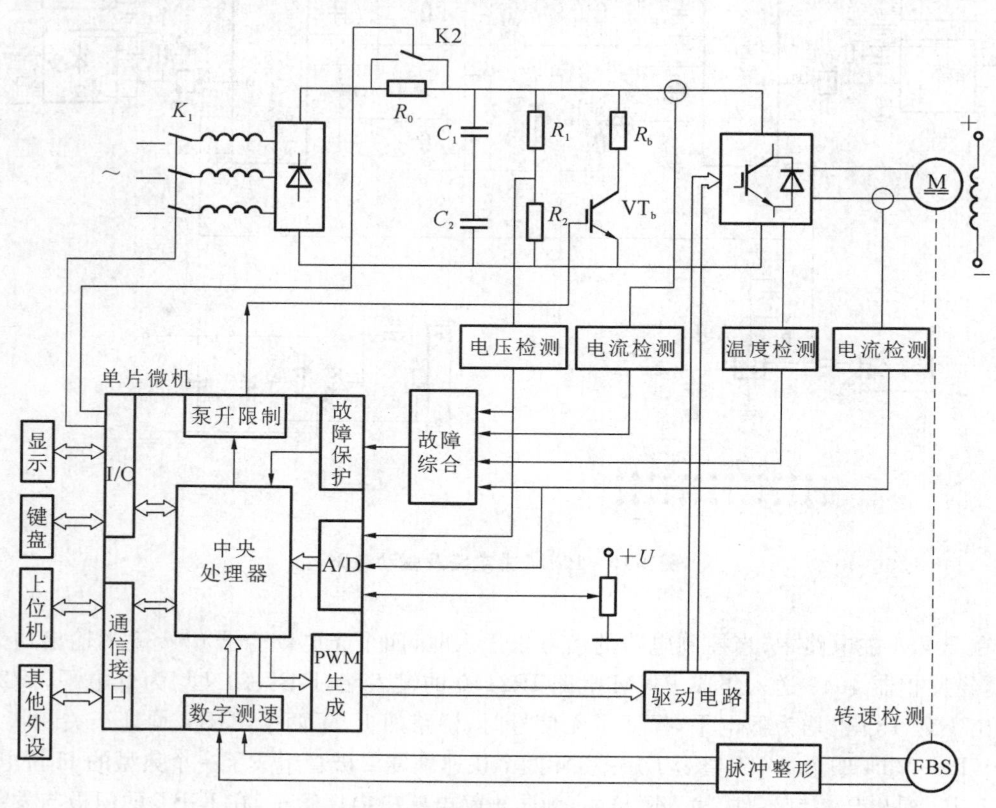

图 4-11　单片微机控制的 PWM 可逆直流调速系统的硬件结构

数字控制器是系统的核心，一般选用专为电机控制设计的单片微机，配以显示、键盘等外围电路，通过通信接口与上位机或其他外设交换数据。这种微机芯片本身都带有 A/D 转换器、通用 I/O 和通信接口，还带有一般微机并不具备的故障保护、数字测速和 PWM 生成功能，可大大简化数字控制系统的硬件电路。

控制软件一般采用转速、电流双闭环控制，电流环为内环，转速环为外环，内环的采样周期小于外环的采样周期。无论是电流采样值还是转速采样值都含有扰动，常采用阻容电路滤波，但滤波时间常数太大时会延缓动态响应，为此可采用硬件滤波与软件滤波相结合的方法。转速调节器 ASR 和电流调节器 ACR 大多采用 PI 调节器，当系统对动态性能要求较高时，还可以采用各种非线性和智能化的控制算法，使调节器能够更好地适应控制对象。

转速给定信号可以是由电位器给出的模拟信号，经 A/D 转换后送入微机系统，也可以直接由计数器或码盘发出数字信号，现在更倾向于上位控制器直接发出运行命令和转速给定。在控制过程中，为了避免同一桥臂上、下两个电力电子器件同时导通而引起直流电源短路，在由 VT1、VT4 导通切换到 VT2、VT3 导通或反向切换时，必须留有足够的死区时间。

本章小结

PWM 控制技术在电力电子领域有着广泛的应用，并对电力电子技术产生了十分深远的影响。PWM 控制技术在晶闸管时代就已经产生，但是为了使晶闸管通断需要付出很大的代价，因而难以得到广泛应用。以 IGBT、电力 MOSFET 等为代表的全控型器件的不断完善给 PWM 控制技术提供了强大的物质基础，推动了这项技术的迅猛发展。

本章分别从典型的不可逆 PWM 变换器、带制动的 PWM 不可逆变换器，双极式 PWM 变换器、单极式 PWM 变换器进行了直流 PWM 变换器工作原理的介绍，并对这四种变换器开环机械特性进行了分析。此外，分别从模拟脉宽调制器和数字脉宽调制器两个方面对 PWM 调速系统的控制电路进行介绍，最后以一个微机实例对直流脉宽调速系统进行了实现分析。学完本章，读者能够对直流脉宽调速系统有一个明确的认识。

本章习题

4-1 从系统组成、功用、工作原理、特性等方面比较直流 PWM 伺服系统与晶闸管直流伺服系统的异同点。

4-2 什么样的波形称为 PWM 波形？怎样产生这种波形？

4-3 PWM 变换器的开关频率是如何选择的？

4-4 PWM 放大器中是否必须设置续流二极管？为什么？

4-5 在直流脉宽伺服系统中，当电动机停止不动时，电枢两端是否还有电压？电路中是否还有电流？为什么？

4-6 试就电流脉动值大小、调试范围、开关器件总功率损耗大小和控制方便性等指标，对 H 型单极式和双极式 PWM 伺服系统做一比较。

4-7 直流 PWM-M 系统通常要采取哪些保护措施？

第5章 交流调压调速和串级调速

本章以交流异步电动机的转速为分析对象，主要介绍了交流异步电动机稳态数学模型的建立以及交流异步电动机的调压调速和串级调速原理及系统的特点。

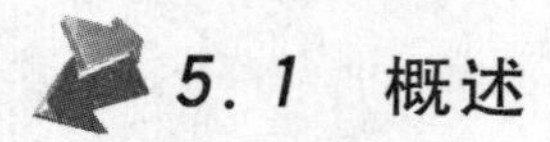

5.1 概述

5.1.1 交流调速系统的发展

在过去很长一段时间内，直流电动机由于其良好的调速性能，在调速领域一直占主导地位。但是，由于直流电动机本身结构上存在换向器和电刷，也给直流电动机的应用和调速性能带来了一定的限制。主要表现在直流电动机结构复杂、成本高、故障多、维修也较复杂，直流电动机在易燃易爆易腐蚀等恶劣条件下的使用受到限制；直流电动机的换向能力限制了单机容量和相应的转速，这些缺点一定程度上制约了直流电动机的应用。

交流电动机与直流电动机相比，具有结构简单、牢固、成本低、不易出故障、使用场合不受限制等优点，在早期没有得到广泛的应用，主要是由于调速比较困难。随着电力电子器件和控制技术的高速发展，尤其是大规模集成电路和计算机控制技术的出现，高性能的交流调速系统应运而生，交流电动机特有的优点在电力拖动中逐渐地表现出来。可以说，从20世纪80年代开始，交流调速技术就已经进入了一个新的时代，也就是可以与直流调速相媲美，并逐步取而代之，占据电力传动主导地位的时代。

从交流调速发展的过程来看，其主要沿着以下几个方面发展：

(1) 以节能为目的，改恒速为调速的交流调速系统。由交流电动机拖动的如风机、水泵、压缩机等负载，其用电量占工业总用电量的50%以上，通过调速来改变风量或者流量，节能效果会非常可观，而且风机、水泵对调速性能的要求通常不是很高，容易实现。

(2) 高性能调速系统。随着矢量控制、直接转矩控制、解耦控制等交流控制技术的快速发展，交流调速系统的性能大大提高，能够获得和直流调速一样的高动态性能。

(3) 特大容量、极高转速的交流调速系统。直流电动机由于受换向器的限制，最高转速只能达到3000 r/min左右，而交流电动机不受此限制，其转速可达每分钟几万转。

(4) 取代热机、液压和气动控制的交流调速系统。世界石油资源的逐渐衰竭和环境污染，促进了交流电动机车辆的发展。对交流调速的方式也还在不断地深入研究。

根据交流电机学原理，交流异步电动机的转速为

$$n=\frac{60f_1}{n_p}(1-s) \tag{5-1}$$

式中：n_p 为电动机极对数；f_1 为定子供电电源频率(Hz)；s 为转差率。

由式(5-1)可以看出，改变交流异步电动机转速的方法有改变极对数 n_p 调速、改变定子供电电源频率 f_1 调速和改变转差率 s 调速三种，即把交流调速系统按照电动机参量进行划分可以有如下分类。

变转差率调速：
- 变极调速
- 调压调速
- 转子串电阻调速
- 串级调速
- 电磁转差离合器调速(滑差电机)

变频调速：
- 交-交变频器调速
- 交-直-交变频器调速

另外,如果按电动机的类型也可以进行如下分类。

- 笼型异步电动机
  - 调压调速
  - 变频调速
  - 变极调速
  - 电磁转差离合器调速(滑差电机)
- 绕线型异步电动机
  - 串级调速
  - 串电阻调速
  - 变频、调压、电磁转差离合器调速

交流调速基本上分为异步电动机调速和同步电动机调速两大部分。其中笼型异步电动机结构简单、牢固耐用、维修工作量小、利用效率高、转动惯量小、动态响应快,因此在工艺上可以达到高电压、大容量和高转速的效果。但是异步电动机的功率因数不高,与等容量同步电动机相比,所用变频装置容量要偏大。尽管普通同步电动机在结构上要比笼型异步电动机复杂,但比直流电动机简单,与等容量的直流电动机相比,它具有效率高、过载能力强、体积小、转动惯量小、维护简单等优点,并且可以达到大容量、高转速和高电压的技术工艺水平。与异步电动机调速系统相比,同步电动机具有功率因数高、效率高、控制性能好等方面的优势,尤其适用于低转速负载不断冲击的生产机械工作环境下。

当前,异步电动机调速和同步电动机调速在电气传动领域中占有很大的比重,已经成为电气传动的主流。随着电力电子技术、微电子学、现代控制理论、微机控制技术的进一步发展,同步电动机调速系统将会更加完善,在国民经济各个部门都将得到更为广泛的应用,成为取代直流调速系统的重要力量。

5.1.2 异步电动机的稳态数学模型和调速方法

在基于稳态模型的异步电动机调速系统中,采用稳态等效电路来分析异步电动机在不同电压和频率供电条件下的转矩与磁通的稳态关系和机械特性,并在此基础上设计异步电动机的调速系统。异步电动机的稳态数学模型包括异步电动机稳态时的等效电路和机械特性,两者既有联系,又有区别。稳态等效电路描述了在一定的转差率下电动机的稳态电气特性,而机械特性则表征了转矩与转差率(或转速)的稳态关系。

1. 异步电动机的稳态等效电路

根据电机学原理,在忽略空间和时间谐波、忽略磁饱和和忽略铁损的情况下,异步电动机的稳态模型可以用 T 型等效电路来表示,如图 5-1 所示。

按照转差率 s 的定义,转差率与转速之间的关系可以表示为

$$s=\frac{n_1-n}{n_1} \tag{5-2}$$

或

$$n=(1-s)n_1 \tag{5-3}$$

式中，n_1——同步转速。

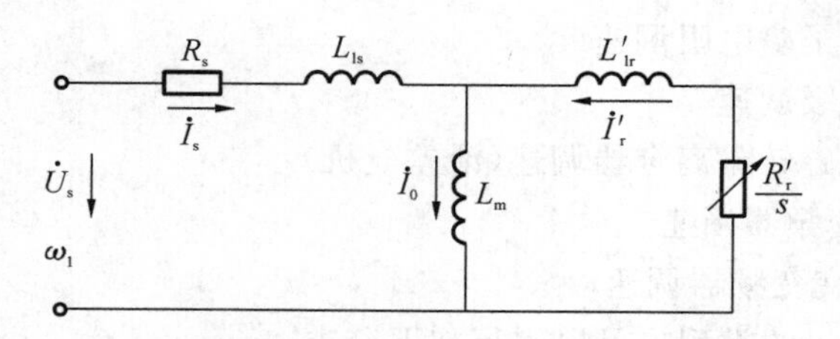

图 5-1 异步电动机的 T 型等效电路

R_s—定子每相绕组电阻 R'_r—折合到定子侧的转子每相绕组电阻 L_{ls}—定子每相绕组漏感
L'_{lr}—折合到定子侧的转子每相绕组漏感 L_m—定子每相绕组产生气隙主磁通的等效电感
$\dot{U}_s$—定子每相电压的相量 U_s—定子相电压相量幅值 ω_1—供电电源角频率
s—转差率 $\dot{I}_s$—定子相电流相量 $\dot{I}'_r$—折合到定子侧的转子相电流相量
I_s—定子相电流相量幅值 I'_r—折合到定子侧的转子相电流相量幅值

根据图 5-1 可以推导出折合到定子侧的转子相电流幅值为

$$I'_r=\frac{U_s}{\sqrt{\left(R_s+C_1\frac{R'_r}{s}\right)^2+\omega_1^2(L_{ls}+C_1L'_{lr})^2}} \tag{5-4}$$

式中：$C_1=1+\frac{R_s+j\omega_1L_{ls}}{j\omega_1L_m}\approx1+\frac{L_{ls}}{L_m}$。

由于在一般情况下，$L_m>>L_{ls}$，即 $C_1\approx1$，因此励磁电流可忽略不计，可得到如图 5-2 所示等效电路图。电流幅值公式可化简为

$$I_s=I'_r=\frac{U_s}{\sqrt{\left(R_s+\frac{R'_r}{s}\right)^2+\omega_1^2(L_{ls}+L'_{lr})^2}} \tag{5-5}$$

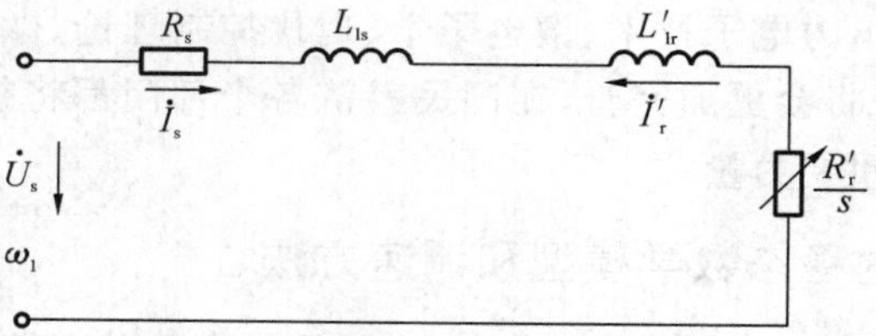

图 5-2 异步电动机简化等效电路

2. 异步电动机的机械特性

异步电动机传递的电磁功率 $P_m=\frac{3I'^2_rR'_r}{s}$，机械同步角速度 $\omega_{m1}=\frac{\omega_1}{n_p}$，则异步电动机的电磁转矩可以表示为

$$\begin{aligned}T_e&=\frac{P_m}{\omega_{m1}}=\frac{3n_p}{\omega_1}I'^2_r\frac{R'_r}{s}=\frac{3n_pU_s^2R'_r/s}{\omega_1\left[\left(R_s+\frac{R'_r}{s}\right)^2+\omega_1^2(L_{ls}+L'_{lr})^2\right]}\\&=\frac{3n_pU_s^2R'_rs}{\omega_1[(sR_s+R'_r)^2+s^2\omega_1^2(L_{ls}+L'_{lr})^2]}\end{aligned} \tag{5-6}$$

式(5-6)就是异步电动机的机械特性方程。

将式(5-6)的分母展开有

$$T_e = \frac{3n_p U_s^2 R'_r s}{\omega_1 [s^2 R_s^2 + R'^2_r + 2sR_s R'_r + s^2\omega_1^2 (L_{ls} + L'_{lr})^2]}$$
$$= \frac{3n_p U_s^2 R'_r s}{\omega_1 [\omega_1^2 (L_{ls} + L'_{lr})^2 s^2 + R_s^2 s^2 + 2sR_s R'_r + R'^2_r]} \tag{5-7}$$

当转差率 s 很小的时候，忽略分母中含 s 的各项，则有

$$T_e \approx \frac{3n_p U_s^2 s}{\omega_1 R'_r} \propto s \tag{5-8}$$

根据式(5-8)可以得出，当 s 很小的时候，电磁转矩与 s 成正比，即机械特性 $T_e = f(s)$ 近似为一段直线，如图 5-3 所示。

当 s 较大时，忽略分母中 s 的一次项和零次项，则有

$$T_e \approx \frac{3n_p U_s^2 R'_r}{\omega_1 s [R_s^2 + \omega_1^2 (L_{ls} + L'_{lr})^2]} \tag{5-9}$$

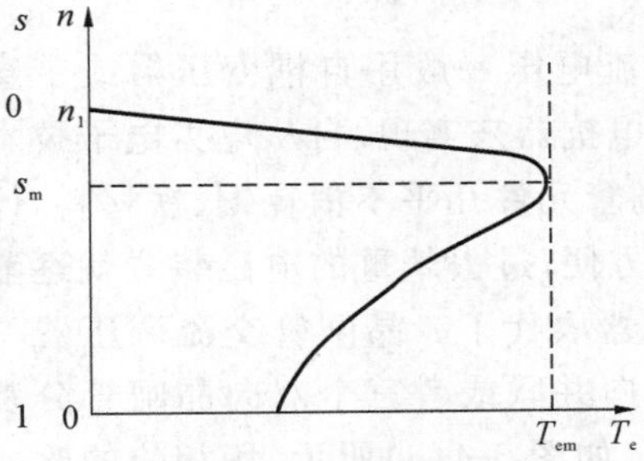

图 5-3　异步电动机机械特性

即 s 较大时转矩近似与 s 成反比，这时机械特性 $T_e = f(s)$ 是一段双曲线。当 s 为以上两段的中间数值时，机械特性从直线段逐渐过渡到双曲线，如图 5-3 所示。

将式(5-6)对 s 求导，并令 $\frac{dT_e}{ds} = 0$，即可求出对应最大电磁转矩的转差率，称为临界转差率。临界转差率为

$$s_m = \frac{R'_r}{\sqrt{R_s^2 + \omega_1^2 (L_{ls} + L'_{lr})^2}} \tag{5-10}$$

相应的最大的电磁转矩称为临界转矩，临界转矩为

$$T_{em} = \frac{3n_p U_s^2}{2\omega_1 \left[R_s + \sqrt{R_s^2 + \omega_1^2 (L_{ls} + L'_{lr})^2}\right]} \tag{5-11}$$

当异步电动机由额定电压 U_{sN}、额定频率 f_{1N} 供电，且无外加阻抗时，其机械特性方程为

$$T_e = \frac{3n_p U_{sN}^2 R'_r s}{\omega_{1N} [(sR_s + R'_r)^2 + s^2 \omega_{1N}^2 (L_{ls} + L'_{lr})^2]} \tag{5-12}$$

通常称为自然特性或固有特性。

3. 异步电动机的调速方法

所谓调速，就是人为改变机械特性的参数，使电动机的稳定工作点偏离固有特性，工作在人为机械特性上，以达到调速的目的。

从式(5-6)异步电动机的机械特性方程可知，能够改变的参数可分为三类，即电机参数、电源电压 U_s 和电源频率 f_1（或者角频率 ω_1）。改变电动机参数的方法在先修课程“电机与拖动基础”中已经详细论述过了，这里不再赘述。本章着重讨论改变电压调速和改变频率调速。

4. 异步电动机气隙磁通

三相异步电动机定子每相电动势的有效值为

$$E_g = 4.44 f_1 N_s k_{Ns} \Phi_m \tag{5-13}$$

式中：E_g 为气隙磁通在定子每相中感应电动势的有效值；N_s 为定子每相绕组匝数；k_{Ns} 为定子基波绕组系数；Φ_m 为每极气隙磁通量。

在忽略定子绕组电阻和漏磁感抗压降后，可认为定子相电压 $U_s \approx E_g$，则有

$$U_s \approx E_g = 4.44 f_1 N_s k_{Ns} \Phi_m \tag{5-14}$$

通过上式可知，当 f_1 为常数时，气隙磁通 $\Phi_m \propto E_g \approx U_s$。为了保持磁通恒定，应使 E_g/f_1 为常数，或者近似认为 U_s/f_1 为常数。

5.2 异步电动机的调压调速与闭环控制

保持电源频率 f_1 为额定频率 f_{1N}，只改变定子电压 U_s 的调速方法称为调压调速。由于受电动机和磁路饱和的限制，定子电压只能降低，不能升高，故而又称作降压调速。

调压调速的基本特征就是电动机的同步转速保持为额定值不变，即

$$n_1 = n_{1N} = \frac{60 f_{1N}}{n_p} \tag{5-15}$$

而气隙磁通为

$$\Phi_m \approx \frac{U_s}{4.44 f_{1N} N_s k_{Ns}} \tag{5-16}$$

Φ_m 随 U_s 的降低而减小，属于弱磁调速。

5.2.1 调压调速主电路

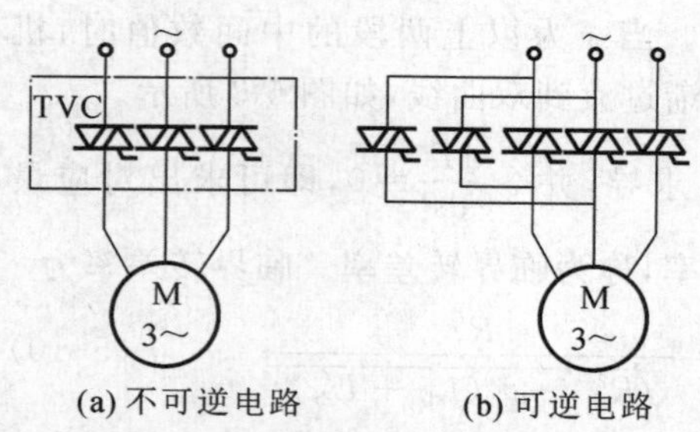

图 5-4 晶闸管交流调压器

在过去改变交流电压一般用自耦变压器或带直流磁化绕组的饱和电抗器来实现，自从电力电子技术兴起以后，由于晶闸管元件几乎不消耗铜、铁材料，体积小，质量轻，控制方便，过去笨重的电磁装置就逐渐被晶闸管交流调压器取代了。晶闸管交流调压器一般用三对晶闸管反向并联或者三个双向晶闸管分别串接在三相电路中，如图 5-4(a)所示，用相位的改变控制输出电压，只需控制晶闸管的触发角 α，就可以对输出的交流电压有效值进行控制。图 5-4(b)为采用双向晶闸管反并联的异步电动机可逆电路。交流调压主电路的多种接法方案已经在先修课程“电力电子技术”中讲授，这里不再赘述。

5.2.2 调压调速机械特性

异步电动机的机械特性方程如下

$$T_e = \frac{3 n_p U_s^2 R'_r s}{\omega_1 \left[(sR_s + R'_r)^2 + s^2 \omega_1^2 (L_{ls} + L'_{lr})^2 \right]} \tag{5-17}$$

其中，U_s 可调，电磁转矩与定子电压的平方成正比，电压变化对应的一系列机械特性曲线如图 5-5 所示。

当 $T_e = 0$ 时，$s = 0$，故调压时理想空载转速 $n_0 = n_{1N}$ 保持为同步转速不变，临界转差率的表达式仍为式(5-10)，调压时其值也不变。而临界转矩的变化由式(5-11)可以看出，其值随 U_s 的减小而成平方地下降。

由图 5-5 可见，带恒转矩负载 T_L 工作时，普通笼型异步电动机降压调速时稳定工作范围为 $0 < s < s_m$，调速范围有限，图中 A、B、C 为恒转矩负载在不同电压时的稳定工作点。如果带风机类负载运行，调速范围可以稍微大一些，图中 D、E、F 为风机类负载在不同电压时的稳定工作点。

带恒转矩负载工作时，定子侧输入的电磁功率为

$$P_m = \omega_{m1} T_L = \frac{\omega_1 T_L}{n_p} \tag{5-18}$$

由于 ω_1 与 T_L 均为常数，故电磁功率恒定不变，与转速无关。

而输出功率为

$$P_{\mathrm{mech}}=\omega_{\mathrm{m}}T_{\mathrm{L}}=(1-s)\frac{\omega_1 T_{\mathrm{L}}}{n_{\mathrm{p}}} \tag{5-19}$$

将随着转差率的增加而减小。

因此,转差功率

$$P_{\mathrm{s}}=sP_{\mathrm{m}}=s\omega_{\mathrm{m1}}T_{\mathrm{L}}=s\frac{\omega_1 T_{\mathrm{L}}}{n_{\mathrm{p}}} \tag{5-20}$$

随着转差率的增加而增加,也就是说转速越低,转差功率越大。

通过分析可以看出,异步电动机带恒转矩负载的降压调速实际上是靠增大转差率、减小输出功率来换取转速的降低的。而输入的功率没有改变,增加的转差功率全部消耗在转子电阻上,属于转差功率消耗型的调速方法。

如果增大转子电阻,临界转差率 $s_{\mathrm{m}}=\dfrac{R'_{\mathrm{r}}}{\sqrt{R_{\mathrm{s}}^2+\omega_1^2(L_{\mathrm{ls}}+L'_{\mathrm{lr}})^2}}$将加大,可以扩大恒转矩负载下的调速范围,并使电动机能在较低转速下运行而不至于过热,这种高转子电阻电动机又称作交流力矩电动机,这种电动机的降压调速机械特性如图 5-6 所示,虽然调速范围变大了,但是缺点是机械特性较软。

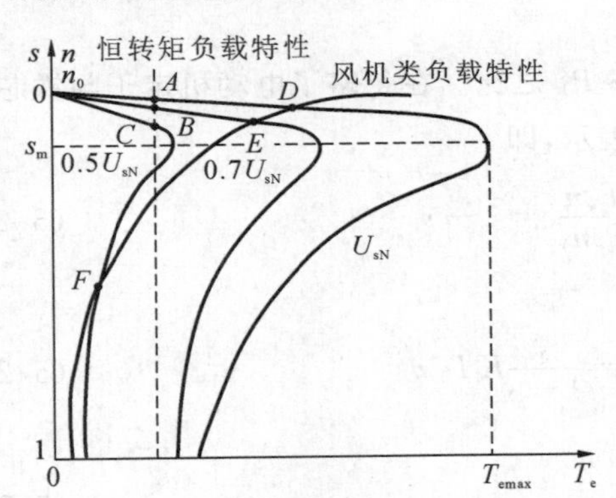

图 5-5 异步电动机调压调速的机械特性

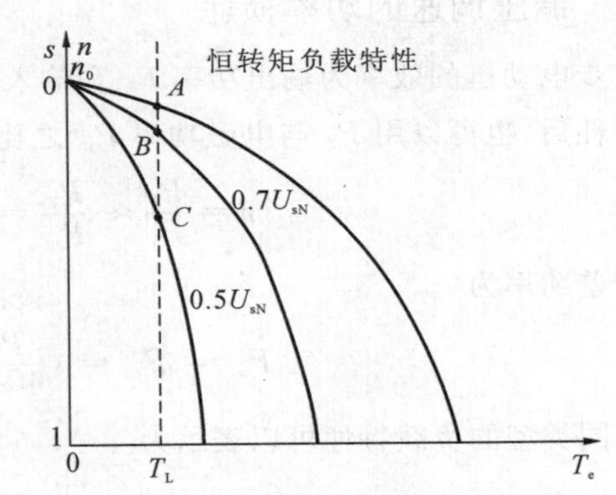

图 5-6 高转子电阻电动机降压调速的机械特性

5.2.3 闭环控制的调压调速系统

异步电动机在进行降压调速时,若采用普通的降压调速,调速范围会很窄;若采用高转子电阻异步电动机,虽然调速范围可以适当增大,但是机械特性又变软,可见开环控制很难解决这个矛盾。为此,如果带恒转矩负载的调压系统要求有较大的调速范围,比如要求 $D\geqslant 2$ 时,往往需采用带转速负反馈的闭环控制系统,原理如图 5-7 所示。

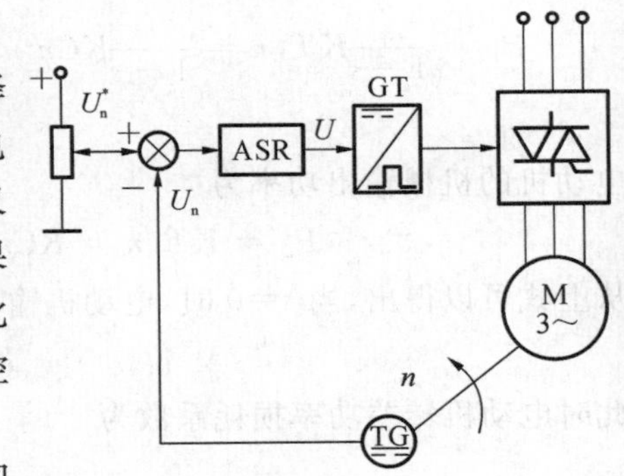

图 5-7 带转速负反馈闭环控制的交流调压调速系统

异步电动机闭环控制调压调速系统静特性如图 5-8 所示。当系统带负载 T_{L} 在 A 点运行时,如果负载增大引起转速下降,反馈控制作用会自动提高定子电压,使闭环系统工作在新的工作点 A'。同理,当负载减少时,反馈控制作用会降低定子电压,使系统工作在 A''。按照反馈控制规律,将 A''、A、A'

连接起来，便得到闭环系统在某一给定控制电压 U_n^* 下的静特性。显然，闭环静特性很硬，系统的静差率很小。改变给定信号 U_n^*，则静特性平行地上下移动，达到调速的目的。需要指出的是，闭环系统静特性左右两边是有极限的，它们分别是最小输出电压 U_{smin} 下的机械特性和额定电压 U_{sN} 下的机械特性，当负载变化时，如果电压调节到极限值，闭环系统便失去控制能力，系统的工作点只能沿着极限开环特性变化。

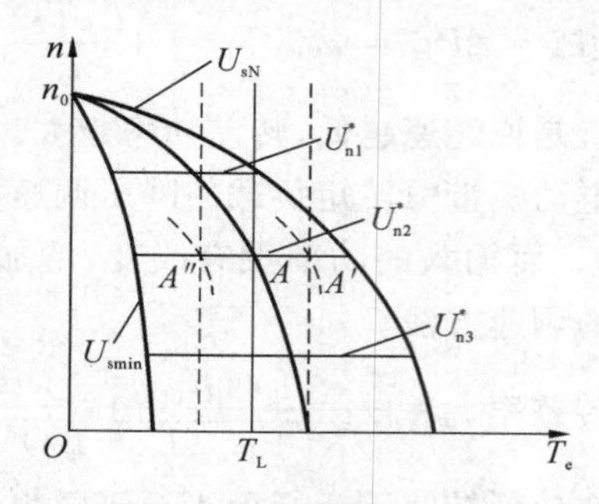

图 5-8　转速闭环控制的交流调压调速系统静特性

U_{sN}、U_{smin}—开环机械特性　U_{n1}^*、U_{n2}^*、U_{n3}^*—闭环静特性

5.2.4　调压调速的功率损耗

异步电动机的效率为输出功率 P_2 和输入功率 P_1 之比。在忽略了电动机定子与铁芯的一些损耗后，也可以用 P_2 与电磁功率 P_m 之比来表示，即

$$\eta = \frac{P_2}{P_1} \approx \frac{P_2}{P_m} = \frac{KT_e n}{KT_e n_0} = 1 - s \tag{5-21}$$

转差功率为

$$P_s = sP_m = s\frac{P_2}{1-s} = \frac{s}{1-s}KT_L n \tag{5-22}$$

不同类型的负载特性可以表示为

$$T_L = Cn^\alpha \tag{5-23}$$

式中，C 为常数，$\alpha=0$、1、2 分别表示恒转矩负载、转矩与速度成正比的负载以及转矩与速度的平方成正比的负载（比如离心泵、风机等）。所以转差功率又可以表示为

$$P_s = \frac{s}{1-s}KT_L n = \frac{s}{1-s}KCn^\alpha n = \frac{s}{1-s}KC\left[n_0(1-s)\right]^{\alpha+1} = sKCn_0^{\alpha+1}(1-s)^\alpha \tag{5-24}$$

电动机的机械输出功率为

$$P_2 = KT_L n = KCn^\alpha n = KCn^{\alpha+1} = KCn_0^{\alpha+1}(1-s)^{\alpha+1} \tag{5-25}$$

从上式可以得出，当 $s=0$ 时，电动机输出的机械功率最大，即

$$P_{2(\max)} = KCn_0^{\alpha+1} \tag{5-26}$$

此时电动机转差功率损耗系数为

$$\sigma = \frac{P_s}{P_{2(\max)}} = s(1-s)^\alpha \tag{5-27}$$

由式(5-27)对 s 求导可得，产生最大转差功率系数时的转差率为

$$s = \frac{1}{1+\alpha} \tag{5-28}$$

对应的

$$\sigma = \frac{P_s}{P_{2(\max)}} = \frac{\alpha^\alpha}{(1+\alpha)^{\alpha+1}} \tag{5-29}$$

根据上述分析可以得出不同负载特性时转差功率损耗系数与 s 的关系，如图 5-9 所示。在 $\alpha=2$ 时电动机的转差功率损耗系数最小，因此，调压调速控制方式最适合于风机、水泵类负载。至于恒转矩负载，则不宜长期在低速下工作，以免电动机过热受损。

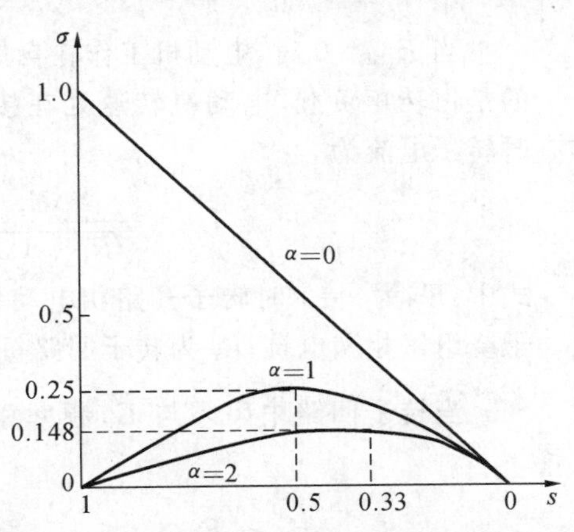

图 5-9　不同类型负载时转差功率损耗系数与转差率的关系曲线

通常，为了扩大调速范围而又不使电动机过热受损，常采用变极调速和调压调速相结合的方法。

5.3　绕线式异步电动机的串级调速

对于绕线式转子异步电动机可以通过在转子回路中串入附加电阻来改变转差率，从而实现调速，这种方法称为转子串电阻调速。虽然这种调速方法因其简单方便而被广泛应用，但从调速的技术性能和经济性能来看，这种调速方法有以下几个缺点。

(1) 这种方法是通过增大异步电动机转子回路的电阻值来降低电动机转速的，电动机转速越低，其转差率也越大，进而以发热的形式消耗在附加电阻上的转差功率也越大，所以调速的效率也降低了。

(2) 调速时，其机械性能随着转子回路附加电阻的增大而变软，从而大大降低了调速精度。

(3) 实际应用中由于串入转子回路的附加电阻级数有限，无法实现平滑调速，所以这种调速方法是有级调速。

上述三个问题，使这种调速方法的使用受到了限制，所以必须寻求一种效率较高、性能较好的绕线转子异步电动机的调速方法。而串级调速完全能克服串电阻调速的缺点，具有效率高、平滑调节、调节时机械性能较硬等优点。

5.3.1　串级调速系统原理及其分类

为了利用转差功率 P_s，使转差功率不白白消耗在转子回路的电阻上，而将其利用起来，人们提出了另一种改变转差率的调速方法，即串级调速。这种调速方法既可以向电动机转子输送转差功率并转换成机械能从转轴上输出，又可以把转差功率通过逆变器回馈到交流电网。绕线转子异步电动机的转子绕组通过滑环与外部电气设备相连接，其目的是通过调节转子电动势实现调速。

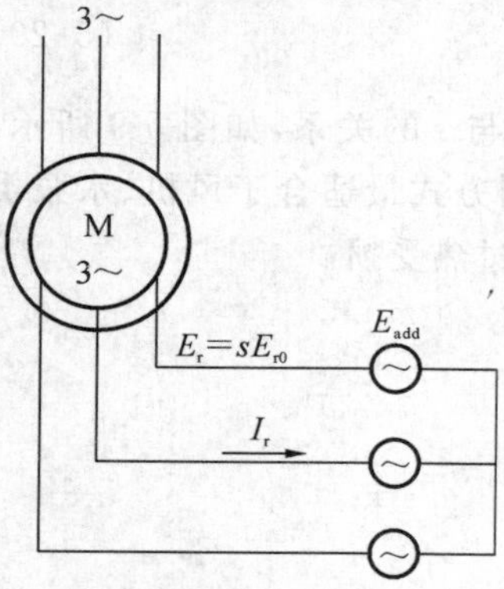

图 5-10 绕线转子异步电动机串级调速原理图

1. 串级调速的工作原理

串级调速就是在转子回路中串入与转子电动势 $\dot{E}_r$ 同频率的附加电动势 $\dot{E}_{add}$，如图 5-10所示，通过改变 $\dot{E}_{add}$ 的幅值大小和相位来实现电动机的转速调节。

当 $\dot{E}_{add}=0$ 时，电动机工作在自然机械特性上，若这时拖动的是恒转矩负载，电动机转速处在接近额定稳定运行状态，此时转子电流为

$$I_r = \frac{sE_{r0}}{\sqrt{R_r^2 + (sX_{r0})^2}} \tag{5-30}$$

式中：E_{r0} 为 $s=1$ 时转子开路相电动势有效值；X_{r0} 为 $s=1$ 时转子绕组每相漏电抗；R_r 为转子回路每相电阻。

当转子回路中串入与 $\dot{E}_r$ 频率相同、相位相反的附加电动势 $\dot{E}_{add}$ 时，转子电流为

$$I_r = \frac{sE_{r0} - E_{add}}{\sqrt{R_r^2 + (sX_{r0})^2}} \tag{5-31}$$

式中：E_{add} 为串入电动势的有效值。转子合成电动势 $sE_{r0}-E_{add}$ 的减小，引起转子电流 I_r 的减小，则电动机传递的电磁功率减小，产生的电磁转矩也相应减小，而负载转矩没有变，使得电动机电磁转矩小于负载转矩，平衡条件被破坏，使电动机的转速降低。随着转速的降低，转差率 s 升高，根据式(5-30)可知转子电流 I_r 又回升，电动机电磁转矩也相应回升，当 s 增加到一定值，转子电流又回升到原值。此时，电动机电磁转矩和负载转矩重新达到平衡，减速过程结束，电动机稳定运行在低于原值的某一转速上。这就是低于同步转速调速的原理，称为次同步串级调速。串入的电动势 E_{add} 越大，电动机的稳态转速就越低。

当转子回路中串入与 $\dot{E}_r$ 频率相同、相位相同的附加电动势时，则转子电流 I_r 为

$$I_r = \frac{sE_{r0} + E_{add}}{\sqrt{R_r^2 + (sX_{r0})^2}} \tag{5-32}$$

此时，转子合成电动势 $sE_{r0}+E_{add}$ 增大，转子电流和电动机电磁转矩都相应增大，使得电磁转矩大于负载转矩，电动机转速上升，s 减小。当 s 减小到某一定值时，电动机的电磁转矩和负载转矩又可以重新达到平衡，电动机稳定运行在高于原值的某一转速上。若串入的电动势 E_{add} 足够大，就会使 s 的最终值小于零，电动机稳定运行在高于同步转速的某一转速上，这就是高于同步转速调速的原理，称为超同步串级调速。串入的电动势 E_{add} 值越大，电动机的转速就越高。

串级调速的核心是产生 $\dot{E}_{add}$ 的装置，由于异步电动机转子电动势 E_r 的频率是随转速的变化而变化的，这样附加电动势 $\dot{E}_{add}$ 也需要随转速而变，即产生 $\dot{E}_{add}$ 的装置应是频率和幅值都可调的三相变频器。所以装置很复杂，费用也较高。目前国内外广泛应用的方案是在转子回路中串入直流附加电动势 E_{add}，其原理框图如图 5-11 所示。在转子绕组端接入一个不可控的整流器，将转子感应电动势 E_r 整流为直流电压，串级调速用的附加电动势 E_{add} 也为直流电压，两者叠加起来，实现调速。由于转子电路采用了不可控整流电路，所以转差功率只能从转子流向产生 E_{add} 的装置，再回馈给电网。

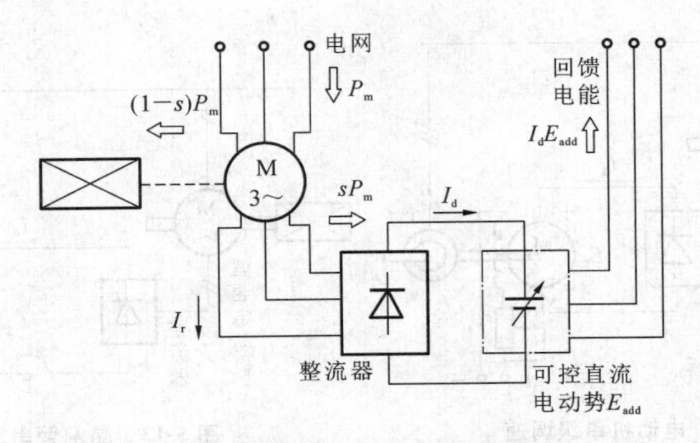

图 5-11　采用直流附加电动势的串级调速原理框图

2. 串级调速的分类

从功率传递方向来看，串级调速实质上就是利用附加电动势 E_{add} 控制异步电动机转差功率而实现调速的。因此，串级调速系统的基本运行状态可以通过功率传递关系来分析。

(1) 低于同步转速的电动状态。

这时转子电流 I_r 与转子绕组感应电动势 E_r 相位相同，而与串入的附加电动势 E_{add} 相位相反，此时转差功率被附加电动势装置所吸收，再借助于附加电动势装置将转差功率回馈给交流电网，异步电动机工作在电动状态。

(2) 高于同步转速的电动状态。

此时转子回路串入的附加电动势 E_{add} 和 I_r 相位相同，而 E_r 与 I_r 相位相反，电网通过附加电动势产生装置向电动机输入转差功率。从功率传递的角度来看，超同步转速的串级调速是向异步电动机定子和转子同时输入功率的双馈系统。

(3) 高于同步转速的再生制动状态。

电动机转子回路中的转差功率传递方向与低于同步转速的状态是相同的，电动机转子输出转差功率经 E_{add} 装置回馈电网，同时电动机的定子也向电网回馈功率。电动机被位能负载拖动时，在超同步转速下产生电气制动，工作在超同步转速的再生制动状态。

(4) 低于同步转速的再生制动状态。

此时电网通过 E_{add} 装置向电动机转子回路输入转差功率，功率传递方向与高于同步转速的电动状态相同。送入转子的转差功率与电动机轴上输入的机械功率相加，通过电动机定子回馈电网，此时电动机处于低于同步转速的再生制动状态。

另外，根据串级调速异步电动机转子回路中直流附加电动势 E_{add} 获取的方法不同，又可将串级调速分为以下三种基本类型：

(1) 电动机串级调速。

电动机串级调速原理图如图 5-12 所示，附加电动势 E_{add} 就是直流电动机旋转时的反电动势，改变直流电动机的励磁电流大小，即可改变 E_{add} 的大小。而直流电动机拖动交流异步电动机作发电机运行，从而将转差功率回馈入电网。

(2) 晶闸管串级调速。

晶闸管串级调速原理图如图 5-13 所示，用晶闸管全控整流电路获得 E_{add}，整流电路长期工作在有源逆变状态，即逆变角 $\beta \leqslant 90°$，改变 β 的大小即可改变附加电动势 E_{add} 的大小。

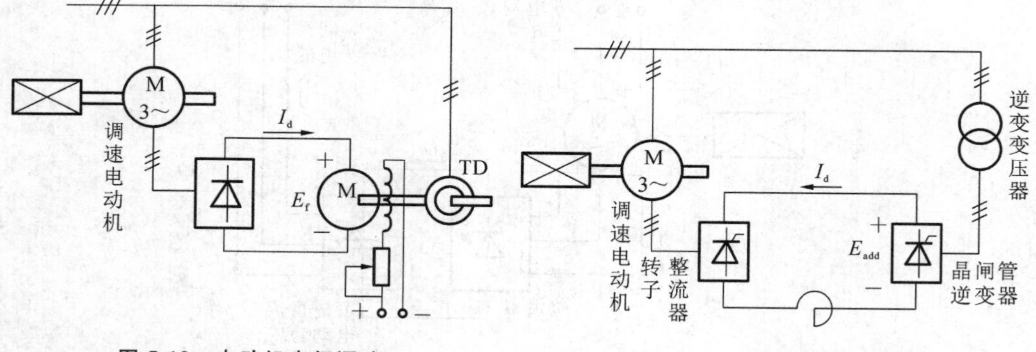

图 5-12　电动机串级调速　　　　图 5-13　晶闸管串级调速

全控整流电路工作在有源逆变状态，所以能将转差功率通过变压器回馈电网。随着大功率晶闸管变流技术的飞速发展，晶闸管串级调速系统显示出了无比的优越性，已成为次同步串级调速系统的典型方案。

（3）机械串级调速。

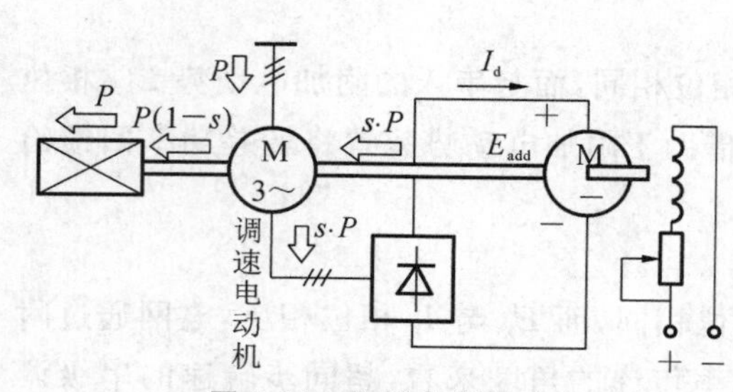

图 5-14　机械串级调速

机械串级调速原理图如图 5-14 所示，该系统用他励直流电动机旋转时的反电动势作为附加电动势 E_{add}，改变直流电动机的励磁电流大小，即可改变 E_{add} 的大小，从而实现主电动机的调速。

转差功率经转子整流器送给直流电动机，由于直流电动机与调速电动机同轴硬性连接，直流电动机吸收的转差功率转变为轴上的机械功率又送给负载。这相当于在负载轴上增加了一个拖动转矩，从而很好地利用了转差功率，能在低速时产生较大转矩，适用于低速重负载转矩场合。但由于转速较低时，直流电动机不能产生足够的附加电动势，所以这种串级调速系统调速范围不大，通常在 2∶1 以内。

5.3.2　闭环控制的串级调速系统

根据生产工艺对静、动态调速性能要求的不同，串级调速可以采用开环控制和闭环控制系统。由于串级调速系统的静态特性中静差率较大，通常开环系统只能用于对调速精度要求不高的场合。为了提高静态调速精度，以及获得较好的动态特性，可以采用反馈控制。与直流调速系统一样，通常采用转速和电流双闭环串级调速系统。所谓动态性能的改善，一般只是指启动与加速过程性能的改善，而减速过程只能靠负载作用自由降速，因为在串级调速系统中转子整流器是不可控的，系统不能产生电气制动作用。

双闭环串级调速系统原理图如图 5-15 所示，其结构与双闭环直流调速系统相似。图中 ASR 为转速调节器，ACR 为电流调节器，TG 为测速发电机，TA 为电流互感器，GT 为触发器。为了实现系统的无静差调节，ASR、ACR 一般均采用 PI 调节器。电流反馈信号从电流互感器 TA 取出，电流检测位置可以在转子整流器进线端、直流线路处、逆变变压器二次侧，在转子整流器进线端和逆变变压器二次侧检测到的交流信号需整流成直流电压后再反馈。速度反馈信号取自测速发电机 TG。为防止逆变器逆变颠覆，当电流调节器的输出电压为零时，应使它对应的逆变角 $\beta=\beta_{min}\geqslant30°$。常取 $\beta=30°$。随着电流调节器的输出增加，β 角应向

90°的方向变化。速度调节器用于控制电动机的转速，电流调节器用于控制电动机转子中电流的有效值，由于这两个调节器都采用PI调节器，系统对于给定的电流反馈信号和转速反馈信号都是无静差的，电流内环与速度外环的调节作用与直流双闭环系统近似，系统在升速过程中能实现近似恒加速度的加速，同时也有利于电流保护；在电网波动时，电流环能及时调节转子电流，以保持所需要的电磁转矩；当负载变化时，速度环有良好的抗干扰性能。与晶闸管不可逆直流调速系统相似，次同步晶闸管串级调速也不能产生电气制动转矩，减速时只能靠负载转矩自由降落或机械制动。

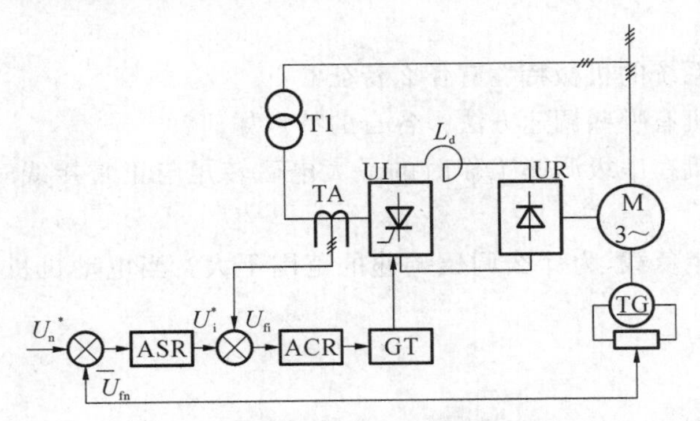

图 5-15　双闭环串级调速原理图

本章小结

异步电动机的稳态模型包括异步电动机稳态时的等效电路和机械特性，两者有密切联系，也有区别。稳态时的等效电路描述了在一定转差率下电动机的稳态电气性能；而机械特性表征了电动机的转矩和转速的稳态关系。异步电动机的稳态模型在电动机的特性分析中起到重要作用。

异步电动机的调压调速的本质特征是电动机的同步转速保持为额定值不变，而气隙磁通随着定子电压的减小而降低，属于弱磁调速。电动机定子降压调速属于转差功率消耗型的调速系统，以增加转差功率消耗来获取转速降低，转速越低、效率越低。但是调压调速系统结构简单、设备成本低，还有一定的应用场合。

异步电动机的串级调速实质上就是利用附加电动势来控制异步电动机转差功率而实现调速的。在双馈调速工作时，绕线式异步电动机定子侧与交流电网直接连接，转子侧与交流电网或外接电动势相接。从电动机拓扑结构上看，可以认为在转子绕组回路中附加一个交流电动势，通过控制附加电动势的幅值，实现异步电动机的转速调节。异步电动机的串级调速属于转差功率回馈型的调速系统，有明显的节能效果。从串级调速的特性可以看出，其通常用于调速范围不大的场合。

本章习题

5-1　一台三相异步电动机的铭牌数据为：额定电压 $U_N=380$ V，额定转速 $n_N=960$ r/min，额定频率 $f_N=50$ Hz，定子绕组为Y连接。由实验测得定子绕组电阻 $R_s=0.35\ \Omega$，定子漏感 $L_{ls}=0.006$ H，定子绕组产生气隙主磁通的等效电感 $L_m=0.26$ H，转子电阻 $R_r'=0.5\ \Omega$，转子漏感 $L_{lr}'=0.007$ H，转子参数已折合到定子侧，忽略铁芯损耗。

画出异步电动机T型等效电路和简化等效电路。求额定运行时的转差率 s_N、定子额定

电流 I_{1N} 和额定电磁转矩。定子电压和频率均为额定值时，求理想空载时的励磁电流 I_0。定子电压和频率均为额定值时，求临界转差率 s_m 和临界转矩 T_m，并画出异步电动机的机械特性。

5-2 串级调速与串电阻调速有什么区别？各有何优点？

5-3 简述交流调压调速系统的优缺点和适用场合。

5-4 串级调速的基本原理是什么？

5-5 试从物理意义上说明串级调速系统的机械特性比电动机固有机械特性要软的原因。

5-6 串级调速系统的机械特性有什么特征？

5-7 交流电动机有哪些调速方法？各自的特点如何？

5-8 异步电动机在串级调速工作时的最大电磁转矩与正常接线时的最大转矩相比有何变化？为什么？

5-9 对于恒转矩负载，为什么调压调速的范围不大？当电动机机械特性越软时，调速范围是否越大？

第6章 异步电动机的变频调速系统

变频调速是通过改变电动机定子供电频率来改变同步转速，从而实现交流电动机调速的一种方法。变频调速的调速范围宽，平滑性好，具有良好的动、静态性能，是一种理想的高效率、高性能的调速方法。

对交流电动机进行变频调速，需要一套变频电源，过去大多采用旋转变频发电机组作为电源，但这些设备庞大、可靠性差。自从晶闸管及各种大功率电力电子器件(GTR、GTO、IGBT 等)问世以来，各种静止变频电源获得了迅速发展，它们具有体积小、质量轻、维护方便、惯性小和效率高等优点，但由于其组成的变频电路较复杂，造价较高。随着功率集成电路的出现，产品价格才随之降低，它集功率开关器件、驱动电路、保护电路和接口电路于一体，可靠性高、维护方便。因此，目前变频调速已成为交流调速的主要发展方向。

各种新型器件的不断涌现，使变频技术获得了迅速发展。以普通晶闸管构成的方波型逆变器被全控型高频率开关组的 PWM 逆变器取代后，正弦波脉宽调制(SPWM)逆变器及其专用集成芯片得到普遍应用。磁通跟踪型 PWM 逆变器以其控制简单、数字化方便而又呈现出取代传统 SPWM 逆变器的趋势。另外，电流跟踪型 PWM 逆变器及滞环电流跟踪型 PWM 逆变器也受到了重视。

6.1 变频调速基本原理

根据交流电机原理，交流异步电动机的转速可以表示为

$$n = \frac{60f_1}{n_p}(1-s) = n_1(1-s) \tag{6-1}$$

式中：n_p 为电动机极对数；f_1 为定子供电电源频率(Hz)；n_1 为旋转磁场同步转速；s 为转差率。

由此可知，改变交流异步电动机转速的方法有改变极对数 n_p 调速、改变定子供电电源频率 f_1 调速和改变转差率 s 调速三种。可见，若能连续地改变异步电动机的供电频率 f_1，就可以平滑地改变电动机的同步转速和电动机轴上的转速，从而实现异步电动机的无级调速，这就是变频调速的基本原理。

在电动机进行变频调速时，有一个重要的条件是，保持电动机中的每极磁通 Φ_m 为额定值不变，因为电动机在设计时，通常将磁通的额定值设置在磁化曲线的临界饱和处，如果磁通太弱，则不能充分利用电机的铁芯，是一种浪费；而磁通过分增加将引起铁芯饱和，导致励磁电流急剧增加，使电动机绕组发热而烧坏电机。因此，在变频调速时，最好保持磁通恒定为额定值 Φ_{mN}。

根据电机学原理可知，三相异步电动机定子每相电动势的有效值为

$$U_s \approx E_g = 4.44 f_1 N_s k_{Ns} \Phi_m \tag{6-2}$$

式中：E_g 为气隙磁通在定子每相中感应电动势的有效值；U_s 为定子相电压；N_s 为定子每相绕组匝数；k_{Ns} 为定子基波绕组系数；Φ_m 为每极气隙磁通量。

由此可见，N_s、k_{Ns} 对于现场电动机来说是常数，只要控制好 E_g 和 f_1，便可达到控制 Φ_m 的目的。对此需考虑基频(额定频率)以下和基频以上两种情况。

1. 基频以下调速

异步电动机在基频以下运行时，根据式(6-2)可知，要保持磁通 Φ_m 不变，当频率 f_1 从额定值向下调节时，必须同时降低电动势 E_g，即

$$\frac{E_g}{f_1} = 4.44 N_s k_{Ns} \Phi_{mN} = 常数 \tag{6-3}$$

在基频以下，可以采用电动势频率比为恒值的控制方式。但是电动机绕组中的感应电动势是难以直接控制的，当电动势值较高时，通常忽略定子绕组漏感抗上的压降，认为定子相电压 $U_s \approx E_g$，从而使

$$\frac{U_s}{f_1} = 常数 \tag{6-4}$$

这就是恒压频比的控制方式。

由于在低频时，E_g 和 U_s 都较小，定子电阻和漏感抗压降所占的分量比较显著，不能再忽略。这时可以人为地把 U_s 抬高一些，以便近似地补偿定子阻抗压降，称之为低频补偿，也可称为低频转矩提升。具体补偿多少，要根据负载的情况而定。带定子电压补偿的恒压频比控制特性如图 6-1 中的 b 曲线所示，无补偿的特性如图 6-1 中的 a 曲线所示。

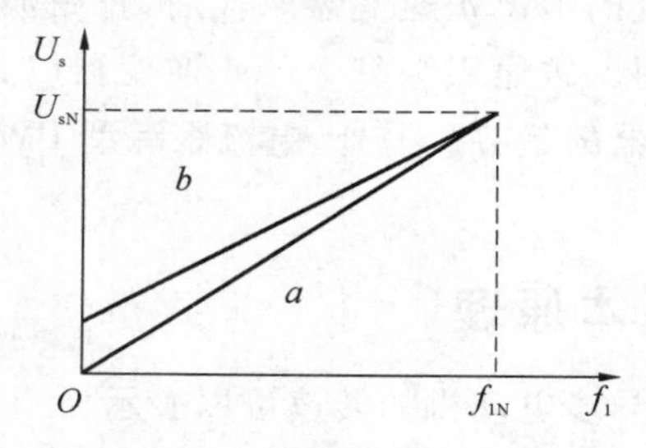

图 6-1　恒压频比控制特性

2. 基频以上调速

在基频以上调速时，频率从额定频率 f_{1N} 往上提高，但受到电动机绝缘耐压和磁路饱和的限制，定子电压却不能在额定电压上增加了，最多只能保持等于额定电压 U_{sN} 不变。由式(6-2)可知，这将迫使磁通与频率成反比地减少，使得异步电动机工作在弱磁状态。

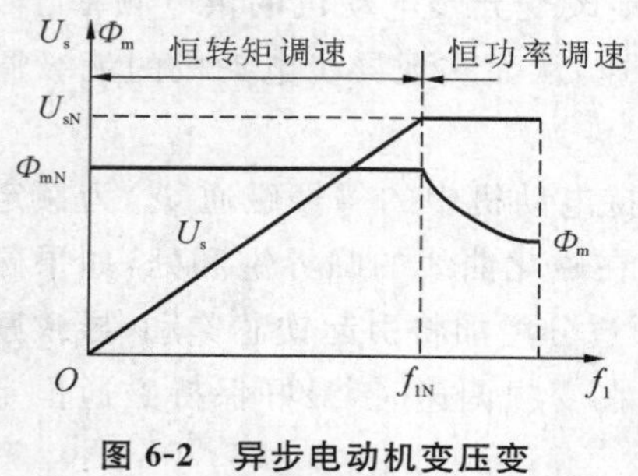

图 6-2　异步电动机变压变频调速的控制特性

把基频以上和基频以下两种情况结合起来，可以得到如图 6-2 所示的异步电动机变频调速的控制特性。如果认为异步电动机在不同转速下允许长期运行的电流为额定电流，则电动机能在温升允许的条件下长期运行，额定电流不变时，电动机运行输出的转矩将随磁通变化。在基频以下时，由于磁通恒定，允许输出的转矩也恒定，属于"恒转矩调速"方式；在基频以上，转速升高时磁通减小，允许输出的转矩也随之降低，输出的功率保持基本不变，属于近似的"恒功率调速"方式。

对异步电动机进行变频调速，就要为电动机提供一个频率和电压均可调的交流电源，即变频器。变频调速系统一般由变频器、电动机、控制器组成，其结构框图如图 6-3 所示。通常由变频器主电路给异步电动机提供调压调频电源，而此电源输出的电压或电流及频率由控制电路的控制指令进行控制，控制指令则根据外部的运转指令进行运算获得。保护电路的构成除应防止因变频器主电路的过电压、过电流引起

的损坏外，还应保护异步电动机及调速系统。

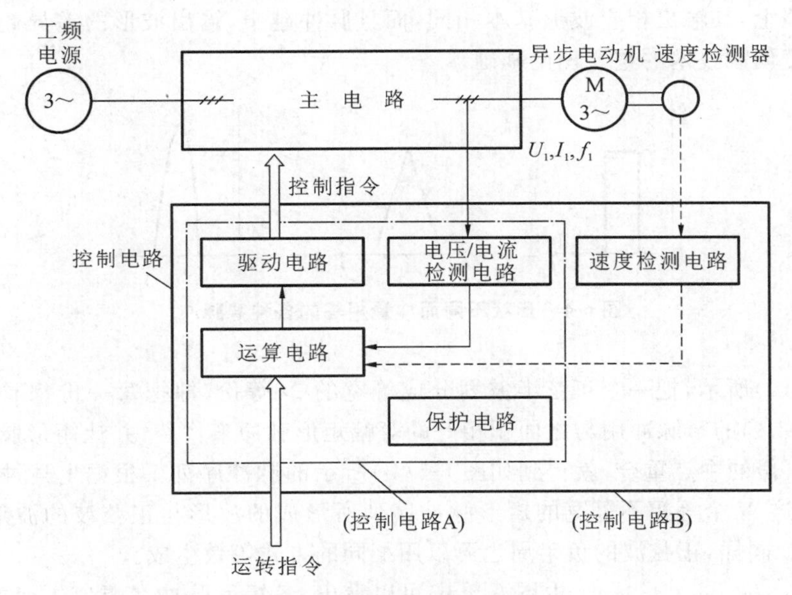

图 6-3 变频调速系统的构成

变频器按装置的结构形式可以分为交-交变频器和交-直-交变频器。交-交变频器可以把某一恒压恒频的交流电直接变成电压和频率都可调的交流电，所以又称直接变频器。这种变频器效率较高，但控制复杂，主要用于低速、大容量系统中。交-直-交变频器把某一恒压恒频的交流电先经过变流器整流为直流电，再经逆变器变换成电压和频率都可调的交流电，所以又称间接变频器。这种变频器调频范围宽，功率因数高，可用于各种电力传动系统。

6.2 脉宽调制(PWM)控制技术

脉冲宽度调制(pulse width modulation，PWM)就是利用电力电子开关器件的导通和关断，把直流电压变成一定形状的电压脉冲序列，以实现变压、变频及控制和消除谐波为目的的一门技术。利用通信系统中的调制技术，用脉冲宽度不等的一系列矩形脉冲去逼近一个所需要的电压或电流信号，就可以实现脉冲宽度调制，获得所需要的 PWM 脉冲序列。采用 PWM 方式构成的逆变器既能实现调压，又能实现变频，具有良好的逆变性能，在交流调速系统中应用广泛。

6.2.1 正弦脉宽调制(SPWM)控制

以频率与期望的输出电压波形相同的正弦波作为调制波(modulation wave)，以频率比期望波高得多的等腰三角形作为载波(carrier wave)，当调制波与载波相交时，由它们的交点确定逆变器开关器件的通断时刻，从而获得幅值相等、宽度按正弦规律变化的脉冲序列，这种调制方法称作正弦波脉宽调制(sinusoidal pulse width modulation，SPWM)。正弦波脉宽调制就是要生成一系列与正弦波等效应的等幅不等宽的矩形脉冲序列。

1. 基本概念与原理

在采样控制理论中有一个重要的结论，即冲量相等而形状不同的窄脉冲加在具有惯性的环节上，其效果基本相同。其中冲量是指窄脉冲的面积，效果则是指该环节的输出相应波形。图 6-4 所示为三种常见的电压窄脉冲，它们的面积都是 1，如果把它们分别加在具有惯性的同一环节上，其输出相应波形基本相同，而且脉冲越窄，输出波形的差异越小。这一结论是脉冲宽度调制技术的重要理论基础。

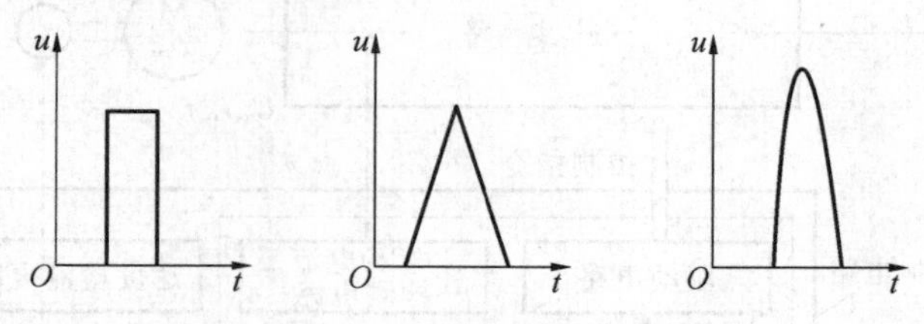

图 6-4　形状不同而冲量相等的各种窄脉冲

如图 6-5(a)所示，把一个正弦半波划分成等宽的 N 等份，即把每一份都看作是一个窄脉冲，将这一系列的窄脉冲用与之面积相等的等幅矩形脉冲来代替，并让矩形脉冲的中点与正弦波的每一份的中点重合，就得到如图 6-5(b)所示的脉冲序列。根据上述冲量相等效果相同的原理，这 N 个等幅不等宽的矩形脉冲序列所形成的波形与正弦波的波形等效，称为 SPWM 波形。同样，正弦波的负半周也可以用相同的方式等效生成。

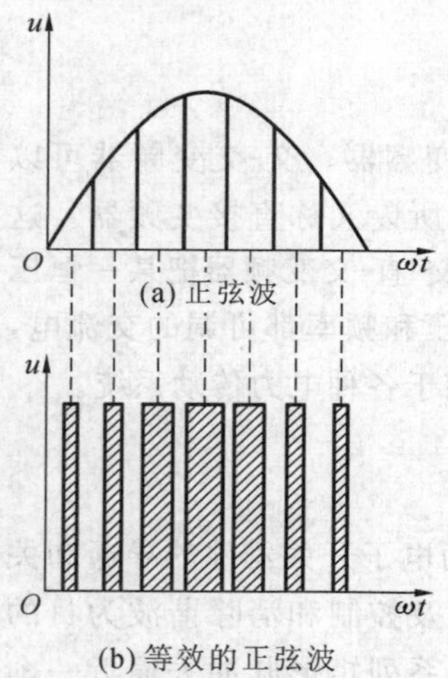

图 6-5　与正弦波等效的等幅不等宽脉冲波形

由图 6-5(b)可以看出，各矩形脉冲在幅值不变的情况下，其宽度是按正弦规律变化的，这些矩形脉冲序列就是所期望的变频器输出波形。通常将输出为 SPWM 波形的变频器称为 SPWM 型变频器。显然，当变频器各开关器件工作在理想状态下时，驱动相应开关器件的信号也应为与图 6-5(b)形状相似的一系列脉冲波形。由于各脉冲的幅值相等，所以逆变器可以由恒定的直流电源供电，即变频器中的变流器可采用不可控的二极管整流器。

采用 SPWM 的显著优点是：由于电动机的绕组具有电感性，因此，尽管电压是由一系列的脉冲构成的，但通入电动机的电流却十分逼近正弦波。SPWM 波中，各矩形脉冲的宽度，理论上可由计算求出，以作为控制逆变器中各开关器件通断的依据，但实际应用中通常用正弦波调制波与等腰三角形载波相比较的方式来确定脉冲宽度。因为等腰三角形的宽度自上而下是线性变化的，所以它与光滑曲线相交时，可得到一组幅值不变而宽度正比于该曲线函数值的矩形脉冲序列。如果使脉冲宽度与正弦函数值成正比，则可生成 SPWM 波，从而可以作为逆变器开关器件的驱动信号。

根据 PWM 调制原理，SPWM 脉冲序列中各脉冲的上升沿与下降沿是由正弦波和三角波的交点来决定的。其控制方法可以是单极性的，也可以是双极性的。

(1) 单极式控制方式。

单极式控制方式中，在正弦调制波的半个周期内，三角载波只在正或负的一种极性范围内变化，所得的 SPWM 波也只处于一个极性的范围内。单极性调制 SPWM 波的形成过程如图 6-6 所示，其中 u_c 为载波信号，u_r 为调制信号，u_o 为输出电压，u_{of} 为等效的输出基波信号。正半周内，当 $u_r > u_c$ 时，生成矩形脉冲；当 $u_r < u_c$ 时则无矩形脉冲生成，从而形成等幅、不等宽的脉冲序列，即脉宽调制波。若改变 u_r 的幅值，脉宽调制波的脉宽将随之改变，从而改变输出电压的大小；若改变 u_r 的频率，输出电压的基波频率也随之改变，这样就可以实现

既调压又调频的目的。

(2) 双极式控制方式。

双极性调制中，等腰三角形载波为双极性。双极性调制 SPWM 波的形成过程如图 6-7 所示。在 u_r 与 u_c 进行比较时，当 $u_r > u_c$ 时，生成正电压矩形脉冲；当 $u_r < u_c$ 时则生成负电压矩形脉冲。即在 u_r 的半个周期内，三角形载波的极性在正、负两个方向变化，则生成的 SPWM 波也是在正、负两个方向上变化的。与单极性调制一样，通过改变调制波 u_r 的幅值和频率可以实现输出信号调压和调频的目的。

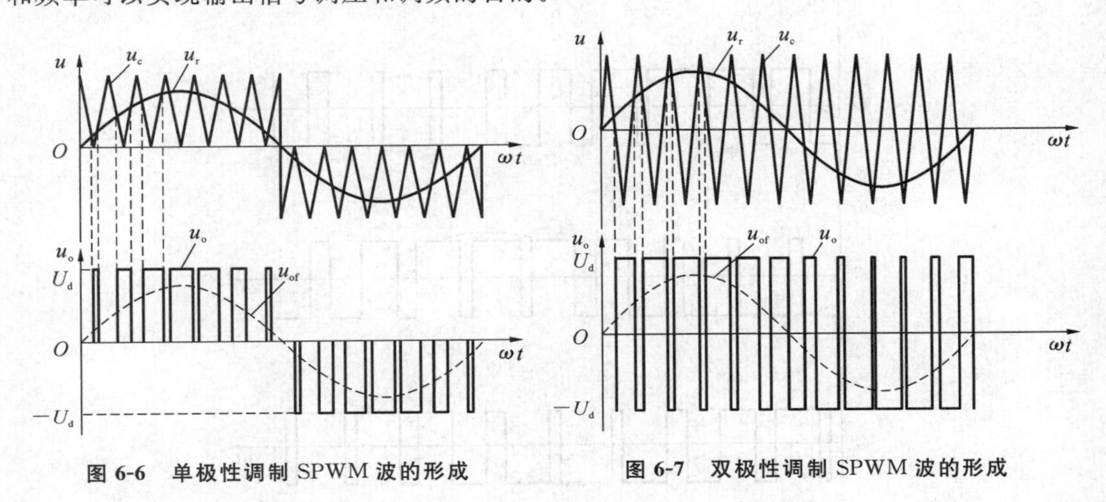

图 6-6　单极性调制 SPWM 波的形成　　**图 6-7　双极性调制 SPWM 波的形成**

在实际的变频器应用当中，双极性的控制方式应用得较多。如图 6-8 所示为三相双极性 SPWM 调制及输出电压的波形，图中三相正弦调制波对同一三角形载波进行调制，三相调制波的频率就是逆变器的输出频率。在一个调制信号周期内所包含的三角载波的个数称为载波比 N。为了保证三相之间相互对称，互差 120°相位角，通常载波比 N 为 3 的整数倍。

值得注意的是，在单极性调制时，为了确保每相输出波形在半波内能左右对称。载波比必须是偶数，以避免出现偶次谐波。对于双极性调制，载波比 N 应为奇数，以保证每相输出波形的半波内的左右对称。

2. SPWM 波的实现

SPWM 波就是根据三角载波与正弦调制波的交点来确定功率器件的开关时刻，从而得到幅值不变而宽度按正弦规律变化的一系列脉冲。SPWM 波可以通过模拟电路、数字电路或专用的大规模集成电路芯片等硬件电路来实现，也可用微型计算机通过软件来生成。如何计算 SPWM 的开关点，是 SPWM 信号生成中的一个难点，也是当前人们研究的一个热门课题。生成 SPWM 波的方法有多种，但其目标只有一个，即尽量减少逆变器的输出谐波分量和计算机的工作量，使计算机能更好地完成实时控制任务。

关于开关点的算法可分为两大类，一类是采样法，另一类是最佳法。采样法是从载波与调制波相比较产生 SPWM 波的思路出发，导出开关点算法，然后按此算法实时计算或离线算出开关点，通过定时控制，发出驱动信号的上升沿或下降沿，形成 SPWM 波，如自然采样法和规则采样法。最佳法则是预先通过某种指标下的优化计算，求出 SPWM 波的开关点，其突出优点是可以预先去掉指定阶次的谐波，但是最佳法计算的工作量很大，一般要先离线算出最佳开关点，以表格形式存入内存，运行时再查表进行定时控制，发出 SPWM 信号，如指定谐波消除法。这里着重讨论几种典型的算法，其中自然采样法和规则采样法属于第一

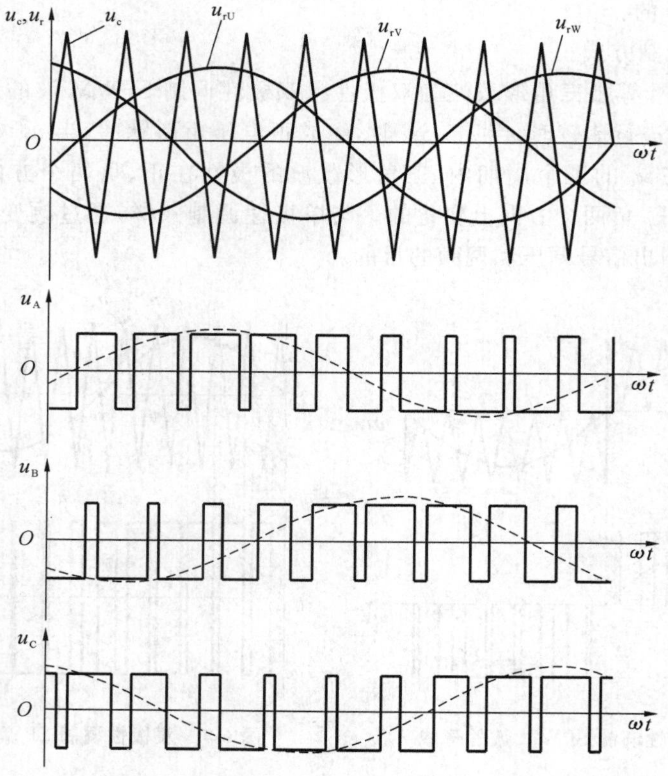

图 6-8　双极性调制生成的三相 SPWM 波形

类采样法，指定谐波消除法属于第二类最佳法。

1）自然采样法

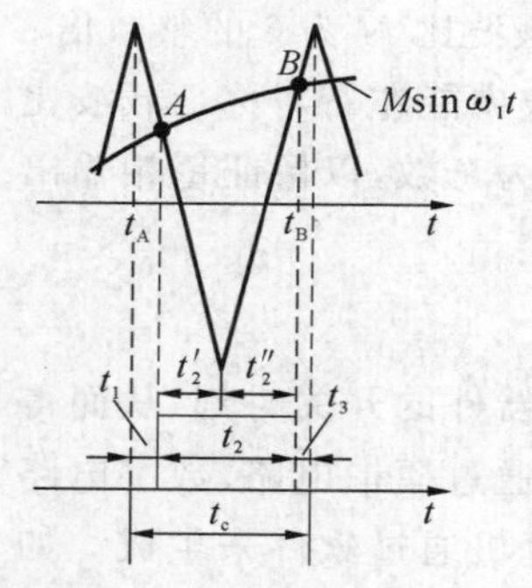

图 6-9　自然采样法

根据 SPWM 逆变器的工作原理，在正弦波和三角波的自然交点时刻控制功率开关器件的通断，这种生成 SPWM 波的方法称为自然采样法。如图 6-9 所示，截取了任意一段正弦波与三角波的一个周期长度内的相交情况。A 点为脉冲发生时刻，B 点为脉冲结束时刻，在三角波的一个周期 t_c 以内，t_2 为 SPWM 波的高电平时间，称作脉宽时间；t_1 与 t_3 则为低电平时间，称为间隙时间。显然 $t_c = t_1 + t_2 + t_3$。

定义调制波与载波的幅值比为调制比 $M = U_{rm}/U_{tm}$，设三角载波幅值 $U_{tm} = 1$，则调制波为

$$u_r = M\sin\omega_1 t \tag{6-5}$$

式中：ω_1 为调制波角频率，即输出角频率。

A、B 两点对三角波的中心线来说是不对称的，因此 t_2 分成 t'_2、t''_2 两个互不相等的时间段，联立求解两对直角相似三角形，则

$$\frac{t'_2}{t_c/2} = \frac{1 + M\sin\omega_1 t_A}{2}$$

$$\frac{t''_2}{t_c/2} = \frac{1 + M\sin\omega_1 t_B}{2}$$

求解方程组有

$$t_2 = t_2' + t_2'' = \frac{t_c}{2}\left[1 + \frac{M}{2}(\sin\omega_1 t_A + \sin\omega_1 t_B)\right] \tag{6-6}$$

自然采样法虽能真实地反映脉冲产生和结束的时刻，却难以在实时控制中在线实现，因为 t_A 与 t_B 都是未知数，$t_2 \neq t_3$，$t_2' \neq t_2''$，需花费较多的时间计算。即使可先将计算结果存入内存，控制过程中查表确定时，也会因参数过多而占用计算机太多内存和时间，所以，此法仅限于调速范围有限的场合。

2）规则采样法

由于自然采样法的不足，人们一直在寻找更实用的采样方法，就是要尽量接近于自然采样法，但比自然采样法的波形更对称一些，以减少计算工作量，节约内存和空间，这就是规则采样法。

所谓规则采样法就是在三角载波每一周期内的固定时刻，找到参数正弦波上的对应电压值，以此值对三角波进行采样以决定功率元件的通断时刻。

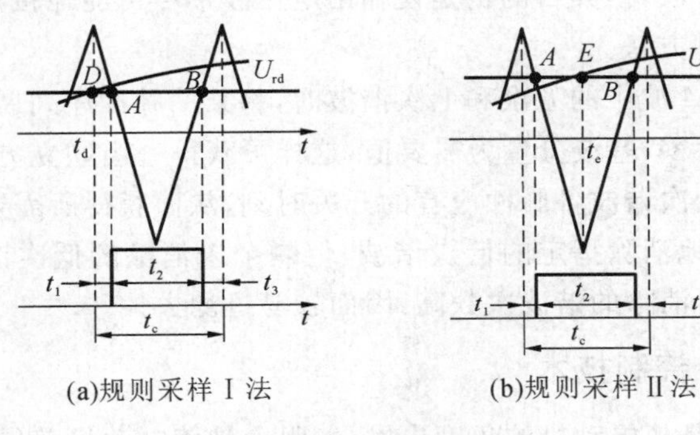

(a)规则采样Ⅰ法　　(b)规则采样Ⅱ法

图 6-10　规则采样法

如图 6-10 所示为规则采样法原理，图 6-10(a)为规则采样Ⅰ法生成的 SPWM 波。它以三角波正峰值时找到正弦波上的对应 D 点，得到 $u_{rd} = M\sin\omega_1 t_d$，用 u_{rd} 对三角波采样，得到 A、B 两点。可见，此法中开关点 A、B 位于正弦波 D 点的同一侧，这使所得到的脉冲宽度明显偏小，从而造成较大的控制误差。而在图 6-10(b)所示的规则采样Ⅱ法中，以三角波的负峰值时找到正弦波上对应的 E 点，得到 $u_{re} = M\sin\omega_1 t_e$，再用 u_{re} 对三角波采样，得到 A、B 两开关点。可见，此时 A、B 两开关点位于正弦波 E 点的两侧，这样减小了脉宽生成误差，使得 SPWM 波更为准确。

在规则采样法中，每个三角载波周期的开关点都是确定的，所生成的 SPWM 波的脉冲宽度和位置可预先计算出来。由图 6-10(b)的几何关系得到脉宽时间为

$$t_2 = \frac{t_c}{2}(1 + M\sin\omega_1 t_e) \tag{6-7}$$

式中：t_e 为三角波的中点（即负峰值）的时间。间隙时间为

$$t_1 = t_3 = \frac{1}{2}(t_c - t_2) \tag{6-8}$$

在三相电路中，假设式(6-7)的时间为 A 相，则有

$$\begin{cases} t_{A2} = \dfrac{t_c}{2}(1 + M\sin\omega_1 t_e) \\ t_{B2} = \dfrac{t_c}{2}[1 + M\sin(\omega_1 t_e - 120^\circ)] \\ t_{C2} = \dfrac{t_c}{2}[1 + M\sin(\omega_1 t_e + 120^\circ)] \end{cases} \tag{6-9}$$

所以

$$\begin{cases} t_{A2}+t_{B2}+t_{C2}=\dfrac{3}{2}t_c \\ (t_{A1}+t_{B1}+t_{C1})+(t_{A3}+t_{B3}+t_{C3})=3t_c-(t_{A2}+t_{B2}+t_{C2})=3t_c-\dfrac{3}{2}t_c=\dfrac{3}{2}t_c \\ t_{A1}+t_{B1}+t_{C1}=t_{A3}+t_{B3}+t_{C3}=\dfrac{3}{4}t_c \end{cases} \tag{6-10}$$

利用微型计算机实时产生 SPWM 波形正是基于上述采样原理和计算方法实现的。

3）指定谐波消除法

以消去输出电压中的某些指定次数谐波（主要是低次谐波）为目的，通过计算来确定各脉冲的开关时刻，这种方法称为指定谐波消除法。在该方法中，已经不用三角载波和正弦调制波的比较产生 SPWM 波，但其目的仍是使输出电压波形尽可能地接近正弦波，因此，也算是 SPWM 波生成的一种方法。

例如，要消除 SPWM 波中的五次和七次谐波时，将某一脉冲序列展开成傅里叶级数，然后令其五次、七次分量为零，基波分量为需要值，这样可获得一组联立方程，对方程组求解即可得到为了消除五次、七次谐波各脉冲应有的开关时刻，从而获得所需要的 SPWM 波。

这种方法可以很好地消除指定的低次谐波，但剩余未消除的低次谐波的幅值可能会增大，由于它们的次数比所消除的谐波次数高，因而较易过滤去掉。

6.2.2 跟踪性 PWM 控制技术

跟踪性 PWM 技术是从电动机的角度出发，着眼点是使电动机获得理想电流或磁场，它的控制方法是在原来主回路的基础上采用电流闭环控制，使实际电流快速跟随给定值，在稳态时，使实际电流接近正弦波。

1. 电流滞环跟踪 PWM 控制技术

上一节介绍的 SPWM 控制技术是以逆变器输出电压近似正弦波为目的的。而对于交流电动机，实际需要保证的应该是正弦波电流，因为只有在交流电动机绕组中通入三相平衡的正弦电流，才能使合成的电磁转矩为恒定值，不含脉冲分量。

电流滞环跟踪 PWM 控制的指导思想是，引入电流闭环控制，让实际电流的瞬时值实时地与标准的正弦波进行比较，根据比较结果来决定脉冲宽度的上升沿和下降沿，从而使变频器的输出电流无限接近于正弦波。电流滞环跟踪控制 A 相的原理图如图 6-11 所示，其中电流控制器采用带滞环的比较器（HBC），其回环宽度为 $2h$。

图 6-12 中，i_A^* 为标准的正弦波电流，i_A 是实测波形的电流。当 $i_A<i_A^*$ 时，电流控制器输出为高电平，形成脉冲的上升沿，使 VT1 导通，i_A 增大；反之，当 $i_A>i_A^*$ 时，形成脉冲的下降沿，使 VT4 导通，i_A 减小。这样在滞环控制器 HBC 的作用下，输出电流 i_A 与给定电流 i_A^* 之间的偏差保持在 $\pm h$ 范围内，实际电流 i_A 在标准正弦波正负 h 范围内做上下锯齿状变化，如图 6-12 所示。可见输出电流 i_A 十分接近正弦波，输出相电压波形呈现 PWM 状，但与两侧窄、中间宽的 SPWM 波相反，两侧增宽而中间变窄。

2. 电压空间矢量 PWM 控制技术

电流滞环跟踪 PWM 控制是直接控制输出电流波形，使其近似为正弦波，虽然比控制输入电压尽量为正弦波前进了一步，但是对交流电动机来说，输入三相正弦电流的最终目的是在电动机空间形成圆形旋转磁场，从而产生恒定的电磁转矩。电压空间矢量 PWM 控制方

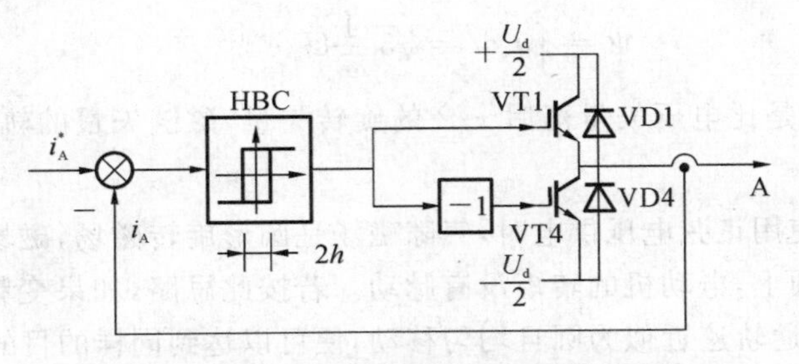

图 6-11　电流滞环跟踪控制 A 相原理图

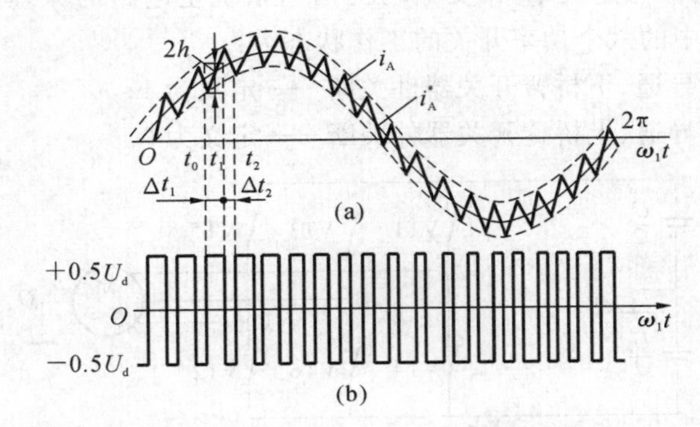

图 6-12　电流滞环控制时的 A 相电流波形和电压波形

式就是以标准的圆形旋转磁场作为参照来确定逆变器的开关状态，从而实现脉宽调制的。因为是通过控制电压的空间矢量来实现的，故称为电压空间矢量 PWM(SVPWM)控制。

1）电压空间矢量的定义及与磁通的关系

交流电动机绕组的电压、电流、磁链等物理量都是随时间变化的，如果考虑到它们所在绕组的空间位置，可以定义为空间矢量。在图 6-13 中，A、B、C 分别表示在空间静止的电动机定子三相绕组的轴线，它们在空间上互差 120°。三相定子相电压 $\boldsymbol{u}_{AO}$、$\boldsymbol{u}_{BO}$、$\boldsymbol{u}_{CO}$ 分别加在三相绕组上，$\boldsymbol{u}_{AO}$、$\boldsymbol{u}_{BO}$、$\boldsymbol{u}_{CO}$ 分别为

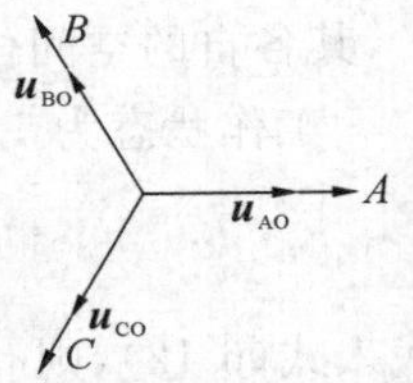

图 6-13　电压空间矢量

$$\begin{cases} u_{AO} = \dfrac{1}{\sqrt{3}} U_m \sin\omega_1 t \\ u_{BO} = \dfrac{1}{\sqrt{3}} U_m \sin(\omega_1 t - 2\pi/3) \\ u_{CO} = \dfrac{1}{\sqrt{3}} U_m \sin(\omega_1 t + 2\pi/3) \end{cases} \tag{6-11}$$

式中：U_m 为线电压幅值。三相合成矢量为

$$\boldsymbol{u}_s = \boldsymbol{u}_{AO} + \boldsymbol{u}_{BO} + \boldsymbol{u}_{CO} \tag{6-12}$$

将式(6-11)代入式(6-12)，整理后有

$$u_s = \sqrt{3} U_m e^{-j\omega_1 t} \tag{6-13}$$

由式(6-13)可以看出对于三相正弦交流电压，它的瞬时空间电压矢量是一个以 ω_1 为电气角速度旋转的空间矢量，对应不同的时刻，它处在不同的位置，矢量端点的轨迹是一个圆。

电压的时间积分是磁链，对瞬时空间电压矢量进行积分得到磁链空间矢量为

$$\Psi = \int u_s \mathrm{d}t = \sqrt{3}\,\frac{1}{\omega_1} U_m \mathrm{e}^{-\mathrm{j}(\omega_1 t - \frac{\pi}{2})} \tag{6-14}$$

可见，磁链矢量是比电压矢量落后 $\pi/2$ 的旋转矢量，磁链矢量的轨迹为圆，圆周的半径为$\sqrt{3}U_m/\omega_1$。

当异步电动机使用正弦电压供电时，气隙磁场是圆形旋转磁场，磁场矢量轨迹处在以一定速度均匀旋转的圆上，电动机的转矩没有脉动。若按此思路，如果变频器在进行 PWM 控制时，使其产生的磁通轨迹近似为圆且均匀移动，便可以达到同样的目的。

2）电压空间矢量分布

如图 6-14 所示为三相逆变器-异步电动机调速系统主电路的原理图，图中逆变器采用 180°导电型。定义图中的六个功率开关的工作状态为：

上桥臂开关器件导通、下桥臂开关器件关断——定义为 1；

下桥臂开关器件导通、上桥臂开关器件关断——定义为 0。

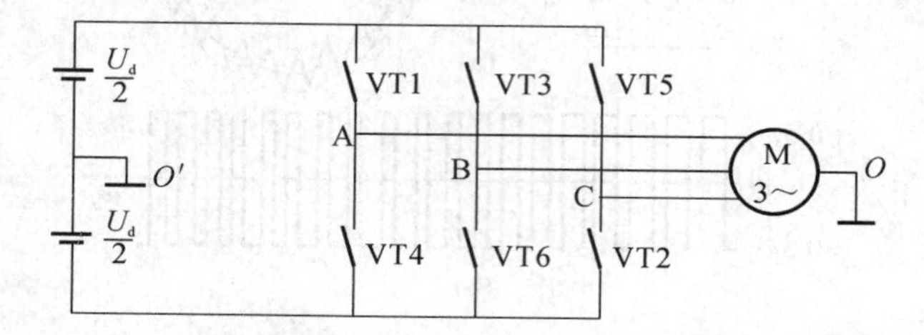

图 6-14　三相逆变器-异步电动机调速系统主电路的原理图

功率开关器件共有 8 种工作状态，按照 A、B、C 相序依次排列分别为 000、100、110、010、011、001、101、111，与这 8 种工作状态相对应的合成空间矢量分别为 $\boldsymbol{u}_0$、$\boldsymbol{u}_1$、$\boldsymbol{u}_2$、$\boldsymbol{u}_3$、$\boldsymbol{u}_4$、$\boldsymbol{u}_5$、$\boldsymbol{u}_6$、$\boldsymbol{u}_7$，其各自的空间位置如何？下面以 110 状态为例进行讨论。

工作状态为 110 时，VT1、VT3、VT2 导通，VT4、VT6、VT5 关断，可得三相电压为

$$u_{AO} = \frac{U_d}{2},\ u_{BO} = \frac{U_d}{2},\ u_{CO} = -\frac{U_d}{2} \tag{6-15}$$

代入式(6-12)，则有

$$u_2 = \frac{U_d}{2}(1 + \mathrm{e}^{\mathrm{j}\frac{2\pi}{3}} - \mathrm{e}^{\mathrm{j}\frac{4\pi}{3}}) = U_d \mathrm{e}^{\mathrm{j}\pi/3} \tag{6-16}$$

同理可得

$$u_1 = U_d \mathrm{e}^{\mathrm{j}0^\circ}(100),\ u_3 = U_d \mathrm{e}^{\mathrm{j}120^\circ}(010),\ u_4 = U_d \mathrm{e}^{\mathrm{j}180^\circ}(011),\ u_5 = U_d \mathrm{e}^{\mathrm{j}240^\circ}(001),$$
$$u_6 = U_d \mathrm{e}^{\mathrm{j}300^\circ}(101)$$

其中 $\boldsymbol{u}_0$(000)、$\boldsymbol{u}_7$(111)为无效工作状态，因为逆变器这时并没有输出电压，故称为“零矢量”。由此可见，8 种工作状态中只有 6 种状态是有效的。

电压空间矢量的分布如图 6-15 所示。可把逆变器的一个工作周期用 6 个电压空间矢量划分为 6 个区域，称为“扇区”，用 Ⅰ、Ⅱ、Ⅲ、Ⅳ、Ⅴ、Ⅵ 来表示，每个扇区对应的时间均为$\pi/3$。

3）磁链轨迹控制

如前所述，电压矢量的积分是磁链矢量，按图 6-14 选择电压空间矢量，使磁链的轨迹在圆上，这就是磁链轨迹控制。实现磁链轨迹控制需要解决两个问题。

① 如何选择电压矢量。

② 如何确定所选择的开关状态的持续时间。

如果逆变器在 $\pi/3$ 时间间隔内，只改变一个桥臂上下开关器件的通断状态，则磁链轨迹为正六边形，如图 6-16 所示。按式(6-14)可得磁链增量为

$$\Delta\boldsymbol{\Psi}_1 = \boldsymbol{u}_1\Delta t \tag{6-17}$$

说明在 $\pi/3$ 所对应的时间 Δt 内，施加 $\boldsymbol{u}_1$ 的结果是使定子磁链 $\boldsymbol{\Psi}_1$ 产生一个增量 $\Delta\boldsymbol{\Psi}_1$，磁链增量的方向为电压矢量的方向，增量的幅值正比于施加电压的时间 Δt。最后得到新的磁链 $\boldsymbol{\Psi}_2$ 为

$$\boldsymbol{\Psi}_2 = \boldsymbol{\Psi}_1 + \Delta\boldsymbol{\Psi}_1 \tag{6-18}$$

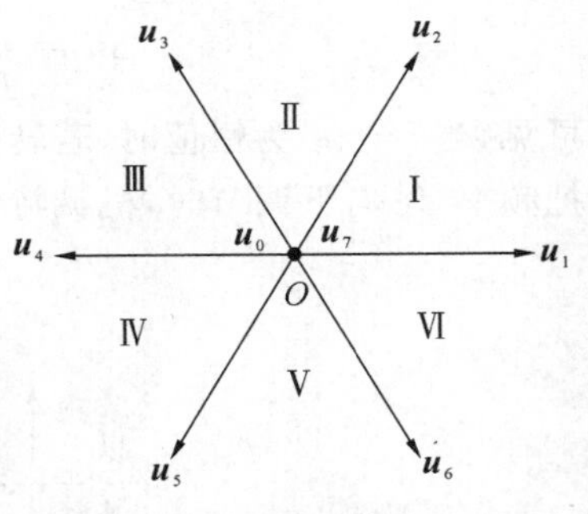

图 6-15　电压空间矢量的分布

此时磁链轨迹为正六边形，它与理想的圆形旋转磁场有一定的距离。如想获得更逼近圆形的旋转磁场，就必须在每一个$\frac{\pi}{3}$期间内出现多个工作状态，以便形成更多的相位不同的电压空间矢量，如线性组合法就是采用不同的电压空间矢量在不同的时间作用下的线性组合得到所需相位的磁链增量，如图 6-17 所示。

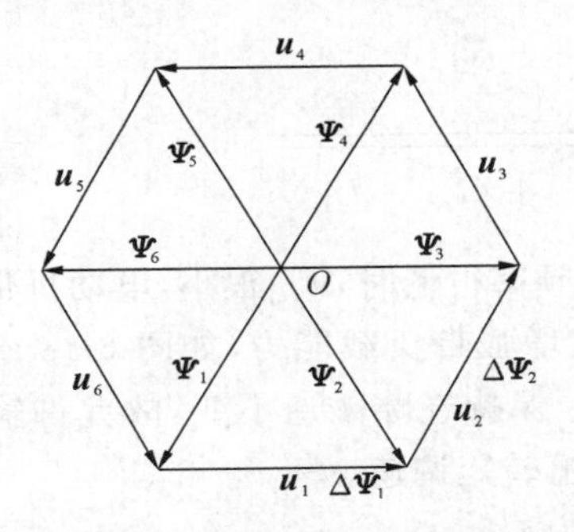

图 6-16　六边形磁链轨迹控制图

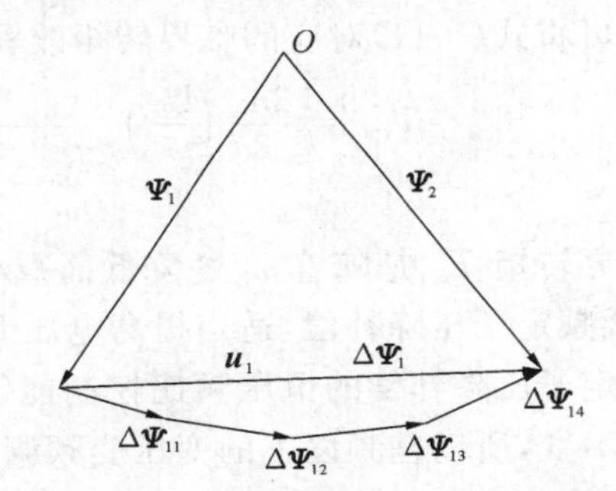

图 6-17　逼近圆形的磁链增量轨迹

6.3　异步电动机变压变频调速系统

6.3.1　异步电动机变压变频机械特性

1. 基频以下机械特性

当异步电动机在基频 f_{1N} 以下运行时，可以采用恒压频比的控制方式进行调速，此时可以将式(5-6)所示的异步电动机特性方程改写为

$$T_e = 3n_p\left(\frac{U_s}{\omega_1}\right)^2\frac{s\omega_1 R'_r}{(sR_s + R'_r)^2 + s^2\omega_1^2(L_{ls} + L'_{lr})^2} \tag{6-19}$$

当 s 很小时，忽略上式分母中含 s 的各项，则有

$$T_e \approx 3n_p\left(\frac{U_s}{\omega_1}\right)^2\frac{s\omega_1}{R'_r} \propto s \tag{6-20}$$

或

$$s\omega_1 \approx \frac{R'_r T_e}{3n_p\left(\frac{U_s}{\omega_1}\right)^2} \tag{6-21}$$

带负载时的转速降落 Δn 为

$$\Delta n = sn_1 = \frac{60}{2\pi n_p} s\omega_1 \approx \frac{10R'_r T_e}{\pi n_p^2}\left(\frac{\omega_1}{U_s}\right)^2 \propto T_e \tag{6-22}$$

可见，当 U_s/ω_1 为恒值时，若转矩 T_e 不变，则 Δn 基本不变。也就是说在恒压频比的条件下，把频率 f_1 向下调节时，机械特性基本上平行下移，如图 6-18 所示。

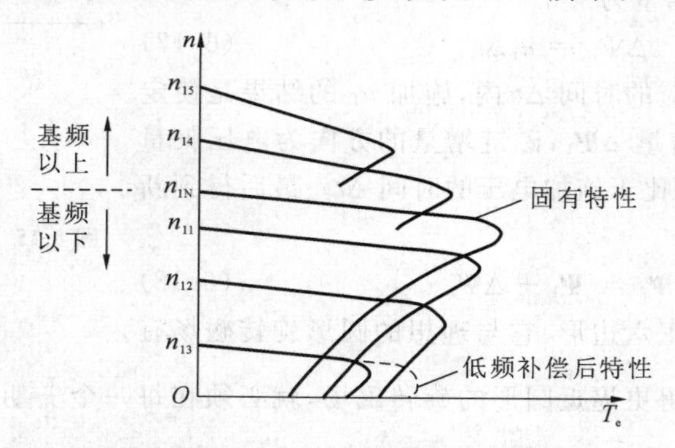

图 6-18　异步电动机变压变频调速机械特性

同时也可将式(5-11)对应的临界转矩改写为

$$T_{em} = \frac{3n_p}{2}\left(\frac{U_s}{\omega_1}\right)^2 \frac{1}{\frac{R_s}{\omega_1} + \sqrt{\left(\frac{R_s}{\omega_1}\right)^2 + (L_{ls} + L'_{lr})^2}} \tag{6-23}$$

可见临界转矩 T_{em} 是随着 ω_1 的降低而减小的，当频率很低时，T_{em} 很小，电动机带负载能力弱，采用低频定子压降补偿，适当提高电压 U_s，可以增强带负载能力，如图 6-18 中虚线所示。由于带定子压降补偿的恒压频比控制能够基本上保持气隙磁通不变，故允许输出转矩也基本保持不变，所以基频以下的变压变频调速属于恒转矩调速。

在基频以下变压变频调速时，转差功率可以表示为

$$P_s = sP_m = s\omega_1 \frac{T_e}{n_p} \approx \frac{R'_r T_e^2 \omega_1^2}{3n_p^2 U_s^2} \tag{6-24}$$

与转速无关，故也称为转差功率不变型调速方法。

2. 基频以上机械特性

在基频 f_{1N} 以上变频调速时，由于电压不能从额定值 U_{sN} 再提高，只能保持 $U_s = U_{sN}$ 不变，机械特性方程可以改写成

$$T_e = 3n_p U_{sN}^2 \frac{sR'_r}{\omega_1[(sR_s + R'_r)^2 + s^2\omega_1^2(L_{ls} + L'_{lr})^2]} \tag{6-25}$$

临界转矩表达式对应地改写为

$$T_{em} = \frac{3}{2} n_p U_{sN}^2 \frac{1}{\omega_1\left[R + \sqrt{R_s^2 + \omega_1^2(L_{ls} + L'_{lr})^2}\right]} \tag{6-26}$$

临界转差率保持不变，仍然为

$$s_m = \frac{R'_r}{\sqrt{R_s^2 + \omega_1^2(L_{ls} + L'_{lr})^2}} \tag{6-27}$$

当 s 很小时，忽略式(6-25)中分母含 s 的各项，则

$$T_e \approx 3n_p \frac{U_{sN}^2}{\omega_1} \frac{s}{R'_r} \tag{6-28}$$

或者写成

$$s\omega_1 \approx \frac{R'_r T_e \omega_1^2}{3n_p U_{sN}^2} \tag{6-29}$$

则带负载时的转速降落 Δn 为

$$\Delta n = sn_1 = \frac{60}{2\pi n_p} s\omega_1 \approx \frac{10R'_r T_e}{\pi n_p^2} \frac{\omega_1^2}{U_{sN}^2} \tag{6-30}$$

由此可见，当角频率 ω_1 提高而电压不变时，同步转速随之提高，临界转矩减小，气隙磁通也势必减弱。由于输出转矩减小而转速升高，允许输出功率基本不变，所以基频以上的变频调速属于弱磁恒功率调速。由上式(6-30)可以看出，对于相同的电磁转矩 T_e，ω_1 越大，转速降落 Δn 越大，机械特性越软，与直流电动机弱磁调速相似，如图 6-18 所示。

在基频以上变频调速时，转差功率为

$$P_s = sP_m = s\omega_1 \frac{T_e}{n_p} \approx \frac{R'_r T_e^2 \omega_1^2}{3n_p^2 U_{sN}^2} \tag{6-31}$$

在带恒功率负载运行时，$T_e^2\omega_1^2 \approx$ 常数，所以转差功率也基本不变。

3. 基频以下电压补偿控制及机械特性

在基频以下的变压变频调速时，由于负载变化时定子压降不同，将导致磁通改变，为了保持磁通不变，需要采用定子电压补偿控制。如图 6-19 所示为异步电动机 T 型等效电路，为了使参考极性与电动状态下的实际极性相吻合，感应电动势采用电压降的表示方法，由高电位指向低电位。

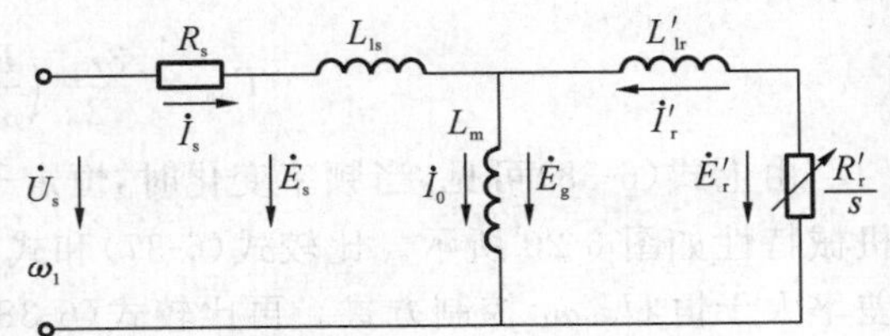

图 6-19 异步电动机等效电路和感应电动势

公式 $E_g = 4.44 f_1 N_s k_{Ns} \Phi_m$ 表示了气隙磁通 Φ_m 在定子每相绕组中的感应电动势，与此相应，定子全磁通 Φ_{ms} 在定子每相绕组中的感应电动势为

$$E_s = 4.44 f_1 N_s k_{Ns} \Phi_{ms} \tag{6-32}$$

转子全磁通 Φ_{mr} 在转子绕组中的感应电动势(折合到定子边)为

$$E'_r = 4.44 f_1 N_s k_{Ns} \Phi_{mr} \tag{6-33}$$

可见，保持磁通不变可以分别从保持定子磁通 Φ_{ms}、气隙磁通 Φ_m 和转子磁通 Φ_{mr} 恒定进行控制。

1) 恒定子磁通 Φ_{ms} 控制

由式(6-32)可知，只要维持 E_s/f_1 为恒定值，即可保持定子磁通恒定。由于定子电动势不好直接控制，能够直接控制的只有定子电压 U_s，根据等效电路可以看出，定子电压 U_s 与 E_s 间的关系是

$$\dot{U}_s = R_s \dot{I}_s + \dot{E}_s \tag{6-34}$$

其相量差为定子电阻压降，只要恰当地提高定子电压 U_s，按式(6-34)补偿定子电阻压降，以维持 E_s/f_1 为恒定值，就能够维持定子磁通恒定。

忽略励磁电流 I_0 时，由等效电路可得转子电流幅值为

$$I'_r = \frac{E_s}{\sqrt{\left(\frac{R'_r}{s}\right)^2 + \omega_1^2 (L_{ls} + L'_{lr})^2}} \tag{6-35}$$

代入电磁转矩关系式，有

$$T_e=\frac{3n_p}{\omega_1}\cdot\frac{E_s^2}{\left(\frac{R'_r}{s}\right)^2+\omega_1^2\,(L_{ls}+L'_{lr})^2}\cdot\frac{R'_r}{s}$$

$$=3n_p\left(\frac{E_s}{\omega_1}\right)^2\frac{s\omega_1R'_r}{R'^2_r+s^2\omega_1^2\,(L_{ls}+L'_{lr})^2}\tag{6-36}$$

再与恒压频比控制时的转矩方程式(6-19)比较可知，恒定子磁通 Φ_{ms} 控制时转矩表达式的分母小于恒压频比控制特性中的同类项。因此，当转差率 s 相同时，采用恒定子磁通 Φ_{ms} 控制方式的电磁转矩大于恒 U_s/ω_1 控制方式。或者说，当负载转矩相同时，恒定子磁通 Φ_{ms} 控制方式的转速降落小于恒 U_s/ω_1 控制方式。

将式(6-36)对 s 求导，并令 $\frac{dT_e}{ds}=0$，可求出对应的临界转差率为

$$s_m=\frac{R'_r}{\omega_1\,(L_{ls}+L'_{lr})}\tag{6-37}$$

临界转矩

$$T_{em}=\frac{3n_p}{2}\left(\frac{E_s}{\omega_1}\right)^2\frac{1}{(L_{ls}+L'_{lr})}\tag{6-38}$$

由上式(6-38)可见，当频率变化时，恒定子磁通 Φ_{ms} 控制方式的临界转矩 T_{em} 恒定不变，机械特性如图 6-20 所示。比较式(6-37)和式(5-10)可知，恒定子磁通 Φ_{ms} 控制方式的临界转差率大于恒 U_s/ω_1 控制方式。再比较式(6-38)和式(5-11)可知，恒定子磁通 Φ_{ms} 控制方式的临界转矩也大于恒 U_s/ω_1 控制方式，同样的结论也可以在图 6-20 中的机械特性 b 和 a 上看出。

2）恒气隙磁通 Φ_m 控制

由公式 $E_g=4.44f_1N_sk_{Ns}\Phi_m$ 可知，只要维持 E_g/ω_1 为恒定值，即可保持气隙磁通 Φ_m 恒定。由图 6-19 所示等效电路可以看出，定子电压为

$$\dot{U}_s=(R_s+j\omega_1L_{ls})\dot{I}_s+\dot{E}_g\tag{6-39}$$

要维持 E_g/ω_1 为恒定值，除了补偿定子电阻压降外，还要补偿定子漏阻抗压降。由图 6-19 可见，转子电流幅值为

$$I'_r=\frac{E_g}{\sqrt{\left(\frac{R'_r}{s}\right)^2+\omega_1^2L'^2_{lr}}}\tag{6-40}$$

代入电磁转矩关系式，有

$$T_e=\frac{3n_p}{\omega_1}\cdot\frac{E_g^2}{\left(\frac{R'_r}{s}\right)^2+\omega_1^2L'^2_{lr}}\cdot\frac{R'_r}{s}=3n_p\left(\frac{E_g}{\omega_1}\right)^2\frac{s\omega_1R'_r}{R'^2_r+s^2\omega_1^2L'^2_{lr}}\tag{6-41}$$

将式(6-41)对 s 求导，并令 $\frac{dT_e}{ds}=0$，即可求出对应的临界转差率为

$$s_m=\frac{R'_r}{\omega_1L'_{lr}}\tag{6-42}$$

临界转矩为

$$T_{em}=\frac{3n_p}{2}\left(\frac{E_s}{\omega_1}\right)^2\frac{1}{L'_{lr}}\tag{6-43}$$

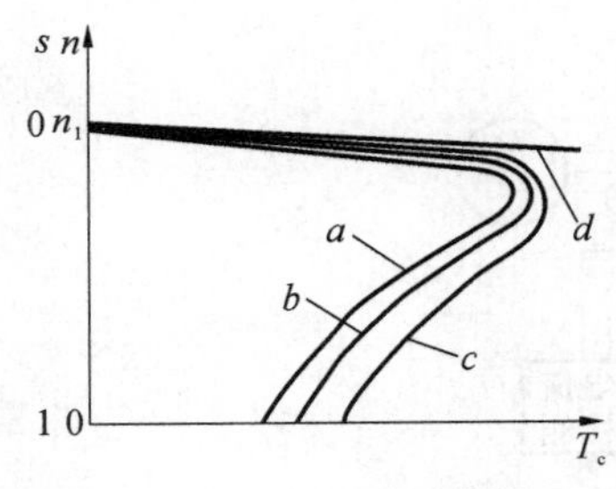

图 6-20 不同协调控制方式的机械特性

对应的机械特性如图 6-20 中 c 线所示。可见与定子磁通 Φ_{ms} 控制方式相比，采用恒气隙磁通 Φ_m 控制时临界转差率和临界转矩都更大，机械特性更硬。

3) 恒转子磁通 Φ_{mr} 控制

由式(6-33)可知，只要维持 E'_r/ω_1 为恒定值，即可保持转子磁通 Φ_{mr} 恒定。由图 6-19 所示等效电路还可以看出

$$\dot{U}_s = [R_s + j\omega_1(L_{ls} + L'_{lr})]\dot{I}_s + \dot{E}'_r \tag{6-44}$$

而转子电流幅值为

$$I'_r = \frac{E'_r}{R'_r/s} \tag{6-45}$$

代入电磁转矩关系式，得

$$T_e = \frac{3n_p}{\omega_1} \cdot \frac{E_r^2}{\left(\frac{R'_r}{s}\right)^2} \cdot \frac{R'_r}{s} = 3n_p\left(\frac{E_r}{\omega_1}\right)^2 \cdot \frac{s\omega_1}{R'_r} \tag{6-46}$$

这时的机械特性曲线 $T_e = f(s)$ 完全是一条直线，如图 6-20 中的 d 线所示。很显然，恒转子磁通 Φ_{mr} 控制的稳定性能最好，可以获得和直流电动机一样的线性机械特性，这也正是高性能交流变频调速所要求的稳定性能。

通过对以上控制方式的对比，可以总结出每一种控制方式的特点。恒压频比 $U_s/\omega_1=$ 常数控制最容易实现，它的变频机械特性基本上是平行下移，硬度也较好，能够满足一般的调速要求，低速时需适当提高定子电压，以近似补偿定子阻抗压降。恒定子磁通 Φ_{ms}、恒气隙磁通 Φ_m 和恒转子磁通 Φ_{mr} 的控制方式均需要定子电压补偿，控制要复杂一些。恒定子磁通 Φ_{ms} 和恒气隙磁通 Φ_m 的控制方式虽然改善了低速性能，但机械特性还是非线性的，仍受到临界转矩的限制。恒转子磁通 Φ_{mr} 控制方式可以获得和直流他励电动机一样的线性机械特性，性能最佳。

6.3.2 转速开环的异步电动机变压变频调速系统

恒压频比的控制方式常用在通用变频器上，其突出的优点是可以进行电动机的转速开环控制，这类变频器主要用于对调速范围要求不高的场合，例如风机、水泵等的节能调速就经常采用这种系统。系统的基本结构如图 6-21 所示。

随着电力电子和微机技术的发展，越来越多的变压变频调速系统采用了数字控制，而晶闸管变频装置已逐步让位给采用全控型电力电子器件的 SPWM 变频器。

如图 6-21 所示为一种典型的数字控制 IGBT-SPWM 变频调速系统原理图。恒压频比控制的 SPWM 变频器通常为交-直-交电压型变频器，输入接三相电源，输出接三相异步电动机。它主要包括主电路、驱动电路、控制电路、信号采集与综合电路，图中未给出吸收电路和其他辅助电路。

主电路由不可控变流器 UR、SPWM 逆变器 UI 和中间直流电路三部分组成。整流电路一般采用整流二极管组成的三相或单相整流桥。小功率通用变频器整流桥输入多为单相 220 V，较大功率的整流桥输入一般为三相 380 V 或 440 V。

整流电路输出的脉动整流电压，必须加以滤波。由于其后续的逆变器是 PWM 电压源型逆变器，故采用大电容 C 和小电感相配合进行滤波。此外，大电容还兼有无功功率补偿的作用。电感不仅有限制电流和限制电流变化率的作用，还能改善变频器的功率因数。由于

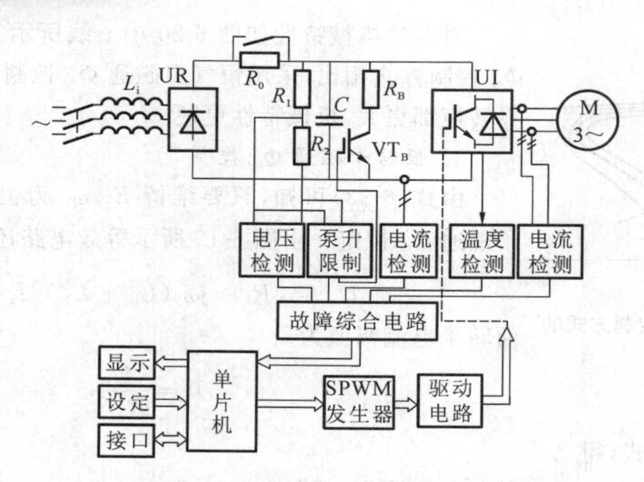

图 6-21　数字控制 IGBT-SPWM 变频器调速系统

电容容量较大，电源接通瞬间电容相当于短路，势必产生很大的充电电流，容易损坏整流二极管。为了限制充电电流，在整流器和滤波电容之间需串入限流电阻(或电抗)R_0。当合上电源以后，再通过延时开关将 R_0 短路，以减少附加损耗。这里用的延时开关可以是接触器触点，也可以是功率开关器件，如晶闸管等。

常用的通用变频器一般都是三相逆变器，逆变器的开关器件大多采用高速全控器件 IGBT。这些功率开关受来自控制电路的 PWM 信号的控制而接通和断开，从而将直流母线电压变成按一定规律变化的 PWM 电压以驱动电动机。

通用变频器在直流环节处专门设置了泵升电压吸收电路，以消除电动机再生制动时向电源一侧回馈能量时引起的直流母线电压异常升高现象。当有快速减速要求时，将定子频率迅速减小，而感应电动机及其负载由于惯性很容易使转差率小于零，电动机进入再生制动状态，电流经逆变器的续流二极管整流成直流，并对滤波电容充电。由于通用变频器的整流桥是由单向导电的二极管组成，不能吸收电动机回馈的电流，因此，若电动机原来的转速较高，再生制动的时间较长，直流母线电压会一直上升到对主电路开关元件和滤波电容形成威胁的过高电压，这就是所谓的泵升电压。通用变频器一般通过制动电阻 R_B 来消耗这些能量，即将一个大功率开关器件和 R_B 串联，当直流电压达到一定值时，VT_B 被导通，R_B 接入电路，从而消耗掉电动机回馈的能量，以维持直流母线电压基本不变。为了便于制动电阻散热，制动电阻常作为附件单独装在变频器的机箱外面。电路图中的 L_i 是为了抑制谐波电流而设置的。

现代 SPWM 变频器的控制电路大都是以微处理器为核心的数字电路，其功能主要是接收各种设定信息和指令，再根据它们的要求形成驱动逆变器工作的 SPWM 信号。微机芯片主要采用 8 位或 16 位单片机，或用 32 位的 DSP，现在已有应用 RISC 的产品出现。SPWM 信号可以由微机本身用软件实时计算或者用查表法生成，也可采用专用的 SPWM 集成电路芯片。

控制软件是系统的核心，除了 PWM 生成、给定积分和压频控制等主要功能软件外，还包括信号采集、故障综合及分析、键盘及给定电位器输入、显示和通信等辅助功能软件。

现代通用变频器功能强大，可设定或修改的参数达数百个，有多组压频比曲线可供选择，除了常用的带低频补偿的恒压频比控制外，还有带 S 型或二次型曲线的，或具有多段加减速功能，每段的上升和下降斜率均可以分别设定，还具有摆频、频率跟踪及逻辑控制和 PI 控制等功能，以满足不同的用户需求。

6.3.3 转速闭环的异步电动机变压变频调速系统

转速开环的变压变频调速系统可以满足一般平滑调速的要求，但系统的动、静态性能都有限，采用转速闭环的转差频率控制可以改善系统的性能。

转差频率控制需要检测电动机的转速，以构成速度闭环。速度调节器的输出为转差频率的给定信号，此转差频率与电动机速度对应的频率之和作为变频器的输出频率给定值。由于是通过控制转差频率来控制转矩和电流的，故与恒压频比控制相比，其加减速特性和限制过电流的能力得到提高。同时，转速的闭环控制也提高了调速的精度。

1. 转差频率控制的基本思想

根据式(6-41)，电磁转矩为

$$T_e = 3n_p\left(\frac{E_g}{\omega_1}\right)^2 \frac{s\omega_1 R'_r}{R'^2_r + s^2\omega_1^2 L'^2_{lr}} \tag{6-47}$$

式中：$E_g = 4.44 f_1 N_s k_{Ns} \Phi_m = 4.44 \dfrac{\omega_1}{2\pi} N_s k_{Ns} \Phi_m = \dfrac{1}{\sqrt{2}}\omega_1 N_s k_{Ns} \Phi_m$。

如果令 $s\omega_1 = \omega_s$ 为转差频率，而电动机结构常数 $K_m = \dfrac{3}{2} n_p N_s^2 k_{Ns}^2$，则可将上式变形为

$$T_e = K_m \Phi_m^2 \frac{\omega_s R'_r}{R'^2_r + (\omega_s L'_{lr})^2} \tag{6-48}$$

在稳定运行时，转差率 s 很小，$s\omega_1$ 也很小，可认为 $R'_r >> \omega_s L'_{lr}$，则有

$$T_e \approx K_m \Phi_m^2 \frac{\omega_s}{R'_r} \tag{6-49}$$

可见，在保持气隙磁通 Φ_m 不变、s 值较小的稳态运行范围内，异步电动机的转矩就近似与转差频率成正比，即 $T_e \propto \omega_s$。这就是说，在异步电动机中控制转差频率 ω_s 就能够达到间接控制转矩的目的。在保持气隙磁通不变的前提下，通过控制转差频率来控制转矩，这就是转差频率控制的基本思想。

2. 转差频率控制规律

将式(6-48)对 ω_s 进行求导，令 $\dfrac{dT_e}{d\omega_s} = 0$，可以求出最大电磁转矩和对应的临界转差率

$$\begin{cases} T_{em} = \dfrac{K_m \Phi_m^2}{2L'_{lr}} \\ \omega_{sm} = \dfrac{R'_r}{L'_{lr}} = \dfrac{R_r}{L_{lr}} \end{cases} \tag{6-50}$$

$T_e = f(\omega_s)$ 的曲线如图 6-22 所示，要保证系统稳定运行，必须满足 $\omega_s < \omega_{sm}$。因此在转差频率控制系统中，必须对 ω_s 加以限制，使系统允许的最大转差频率 ω_{smax} 小于临界转差频率，即 $\omega_{smax} < \omega_{sm} = R_r/L_{lr}$，这样 T_e 与 ω_s 就近似成正比，条件是 Φ_m 要保持恒定。这就是转差频率控制的基本规律之一。

那么如何保持主磁通 Φ_m 不变呢？下面就解决这个问题，分别对控制定子电流和控制定子电压的方法进行分析。

1) 控制定子电流以保持 Φ_m 恒定

根据电机学可知，当忽略铁损且不计饱和时，气隙磁通 Φ_m 与励磁电流 I_0 成正比，因此

可以通过控制定子电流 I_s 来保持 Φ_m 的恒定。

根据图 6-19 电动机的稳态等效电路可知

$$\dot{I}_s = \dot{I}_0 - \dot{I}'_r \tag{6-51}$$

$$\dot{I}_0 = \frac{\dot{E}_s}{j\omega_1 L_m} \tag{6-52}$$

$$\dot{I}'_2 = \frac{-\dot{E}_s}{\dfrac{R'_r}{s} + j\omega_1 L'_{lr}} \tag{6-53}$$

将式(6-52)和式(6-53)代入式(6-51)整理后得到定子电流的幅值为

$$I_s = I_0 \sqrt{\frac{R'^2_r + \omega_s^2 (L_m + L'_{lr})^2}{R'^2_r + \omega_s^2 L'^2_{lr}}} \tag{6-54}$$

当励磁电流 I_0 不变时，主磁通 Φ_m 也保持不变，此时 I_s 是转差频率 ω_s 的函数，$I_s = f(\omega_s)$ 的曲线如图 6-23 所示。由此实现通过控制定子电流来保持 Φ_m 恒定的目的。

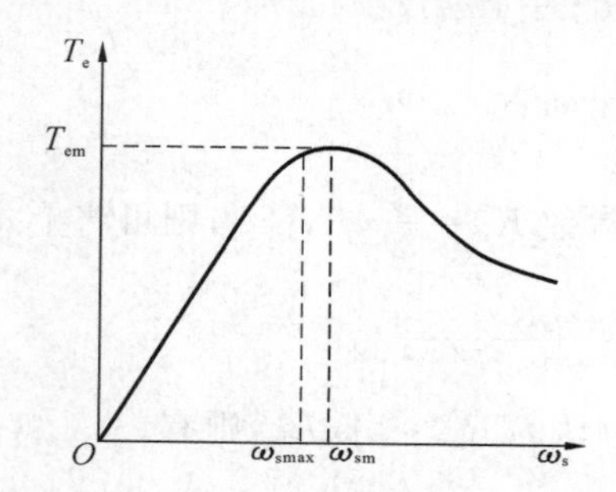

图 6-22　恒 Φ_m 值时的 $T_e = f(\omega_s)$ 曲线

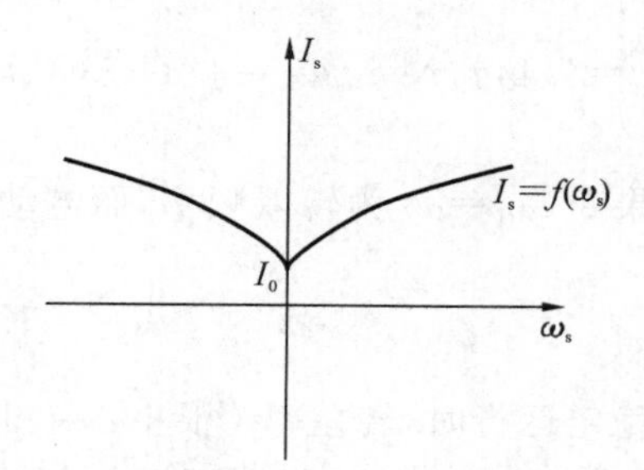

图 6-23　$I_s = f(\omega_s)$ 曲线

2）控制定子电压以保持 Φ_m 恒定

根据公式(6-20)可知，电磁转矩 T_e 为

$$T_e \approx 3n_p \left(\frac{U_s}{\omega_1}\right)^2 \frac{s\omega_1}{R'_r} \tag{6-55}$$

可见，当 U_s/ω_1 为常数(即恒压频比控制)时，电磁转矩 T_e 与转差频率 ω_s 成正比，即采用带低频补偿的恒压频比控制就能保持 Φ_m 恒定。

综上所述，转差频率控制的规律可以总结为：在 $\omega_{smax} < \omega_{sm}$ 时，转矩 T_e 与转差频率 ω_s 成正比，条件是 Φ_m 不变；按照式(6-54)或者图 6-23 所示的函数关系控制定子电流 I_s，或者采用带低频补偿的恒压频比控制，就能保持 Φ_m 恒定。

3. 转差频率控制的变压变频调速系统

转差频率控制的变压变频调速系统原理框图如图 6-24 所示。转速给定值 ω_r^* 与转速反馈值 ω_f 的偏差，通过转速 PI 调节器，产生转差频率给定值 ω_s^*，即转矩给定值，逆变器输出频率由 $\omega_s^* + \omega_f = \omega_1^*$ 控制。转差频率限幅单元能以逆变器容许电流范围内的最大转矩进行加减速运行，以实现时间最短的加减速运行，其他部分与 U_s/ω_1 控制结构相同。

本章小结

本章主要介绍了异步电动机变频调速的基本原理，分析了基频以下调速属于恒转矩调速，基频以上调速属于近似恒功率调速。强调在电动机进行变频调速时，保持电动机每极磁

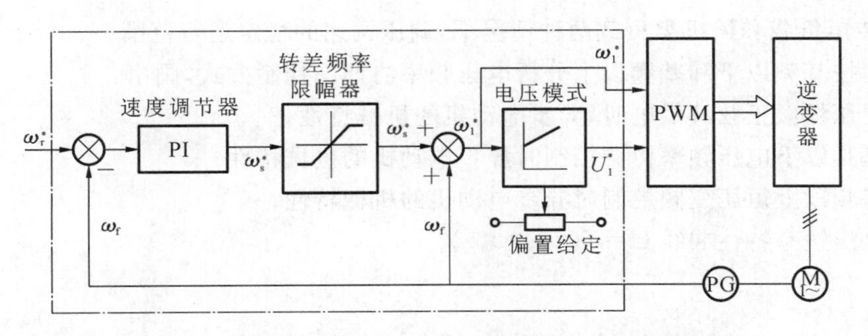

图 6-24　转差频率控制的变压变频调速系统原理框图

通 Φ_m 为额定值不变的重要性；分析了脉冲宽度调制（pulse width modulation，PWM）的原理，着重阐述了 SPWM 波的实现方法，详细介绍不同恒压频比协调控制方式下的机械特性和相关系统的控制特性。

本章介绍了转速开环的异步电动机变压变频调速系统和转差频率控制的变压变频调速系统的基本结构和特点，分析了系统工作原理和控制方法。

利用异步电动机稳态数学模型进行变压变频调速的原理及方法，此类调速方法主要适用于对动态性能要求不高、通过调速即可实现节能的场合。

本章习题

6-1　异步电动机的变频调速有几种控制方式？各有何特点？

6-2　变频调速时为什么要维持恒磁通控制？恒磁通控制的条件是什么？

6-3　生成 SPWM 波形有几种软件采样方法？各有什么优缺点？

6-4　什么叫转差频率控制？转差频率控制规律是什么？

6-5　试举出你所知道的异步电动机变频调速系统的应用实例，说明其特点。

6-6　指出电压型变频器和电流型变频器各自的特点。

6-7　异步电动机变频调速时，为何要电压协调控制？在整个调速范围内保持电压恒定是否可行？为何在基频以下时采用恒压频比控制，而在基频以上时保持电压恒定？

6-8　分析电流滞环跟踪 PWM 控制中，环宽 h 对电流波动与开关频率的影响。

6-9　异步电动机变频调速时，基频以下和基频以上分别属于恒功率还是恒转矩调速方式？为什么？所谓恒功率和恒转矩调速方式是否指输出功率和转矩恒定？若不是，那么恒功率和恒转矩究竟是指什么？

6-10　一台三相异步电动机的铭牌数据为：额定电压 $U_N=380$ V，额定转速 $n_N=960$ r/min，额定频率 $f_N=50$ Hz，定子绕组为 Y 连接。由实验测得定子绕组电阻 $R_s=0.35\ \Omega$，定子漏感 $L_{ls}=0.006$ H，定子绕组产生气隙主磁通的等效电感 $L_m=0.26$ H，转子电阻 $R_r'=0.5\ \Omega$，转子漏感 $L_{ls}'=0.007$ H，转子参数已折合到定子侧，忽略铁芯损耗。画出异步电动机 T 型等效电路和简化等效电路。求额定运行时的转差率 s_N、定子额定电流 I_{1N} 和额定电磁转矩。定子电压和频率均为额定值时，求理想空载时的励磁电流 I_0。定子电压和频率均为额定值时，求临界转差率 s_m 和临界转矩 T_m，并画出异步电动机的机械特性。

6-11　异步电动机参数如习题 6-10 所示，画出调压调速在 $\frac{1}{2}U_N$ 和 $\frac{2}{3}U_N$ 时的机械特性，计算临界转差率 s_m 和临界转矩 T_m，分析气隙磁通的变化，计算在额定电流下的电磁转矩，分析在恒转矩负载和风机类负载两种情况下，调压调速的稳定运行范围。

6-12 按基频以下和基频以上分析电压频率协调的控制方式，画出：

(1) 恒压恒频正弦波供电时，异步电动机的机械特性；

(2) 基频以下电压频率协调控制时异步电动机的机械特性；

(3) 基频以上恒压变频控制时异步电动机的机械特性；

(4) 电压频率特性曲线 $U=f(f)$。

第7章 异步电动机矢量控制与直接转矩控制系统

由于异步电动机具有非线性、强耦合、多变量的性质，要获得高动态调速性能，必须从动态模型出发，分析异步电动机的转矩和磁链控制规律，研究高性能异步电动机的调速方案。矢量控制和直接转矩控制系统是已经获得成熟应用的两种基于动态模型的高性能交流电动机调速系统。矢量控制系统是通过矢量变换和按转子磁链定向，得到等效直流电动机模型，然后模仿直流电动机控制策略设计控制系统；直接转矩控制系统利用转矩偏差和定子磁链幅值偏差的正、负符号，根据当前定子磁链矢量所在的位置，直接选取合适的定子电压矢量，实施电磁转矩和定子磁链的控制。应该指出的是，这两种交流电动机调速系统都能实现优良的静、动态性能，各有所长，但各自也存在不足之处。

7.1 异步电动机的矢量控制系统

7.1.1 矢量控制的基本概念

电磁耦合是机电能量转换的必要条件，电流与磁通的乘积产生转矩，转速与磁通的乘积得到感应电动势，无论是直流电动机还是交流电动机均如此，但由于交、直流电动机结构和工作原理的不同，其表达式差异很大。

直流他励电动机具有良好的调节特性，可以用两个独立的控制量即励磁电流 i_f 和电枢电流 i_a 分别控制气隙磁通和电磁转矩。直流电动机转矩 T_e 可以表示为

$$T_e = C_m \Phi i_a \tag{7-1}$$

式中：磁通 Φ 与励磁电流 i_f 成正比，它与电枢电流 i_a 无关。由此可见，励磁电流 i_f 是只有大小和正负变化的标量，控制系统的结构比较简单，是一种解耦的系统，在磁通恒定不变的情况下，采用转速、电流双闭环系统就能获得四个象限的恒加、减速特性，而且动态性能良好。

对于交流异步电动机来说，情况就要复杂得多。首先，其电流、电压、磁通和电磁转矩都处于相当复杂的耦合状态之中，一般的交流电动机传动控制方式，都不能使异步电动机得到和直流他励电动机一样的解耦控制及良好的动、静态性能。欲使异步电动机控制系统解耦，关键是要找出两个分别决定磁通和电磁转矩的独立控制量，而且必须求出这两个控制量和能直接测量及控制的定子坐标变量的关系。联邦德国 Blaschke 等学者在 1971 年提出的磁场定向型矢量变换控制首先实现了这种控制思想，应用这种矢量变换控制构成了一个磁通反馈的变频调速系统。后来日本学者 Nabae 等又提出了转差频率控制型矢量变换控制，认为磁通反馈并非必不可少，可用有关频率的反馈进行控制。

矢量变换控制的基本出发点是：在建立控制系统的同时，以在空间旋转的有效磁通（即异步电动机的转子磁通）轴线作为参考坐标，显然此有效磁通轴线的瞬时位置及磁通值的大小是能够测量的。

由异步电动机原理可知，异步电动机三相定子绕组中通以三相对称的正弦电流时，会在空间产生一个角频率为 ω_1 的旋转磁场，如图 7-1(a)所示。然而旋转磁场并不一定非要三相绕组产生不可，现假设有两个相互垂直的 M 绕组和 T 绕组，在 M、T 绕组中分别通以直流电

流 i_M 和 i_T，它们以同样的角速度 ω_1 旋转起来，则 M 和 T 两相旋转绕组所产生的合成磁场也是一个旋转磁场。再进一步使 M 绕组的轴线与三相绕组所产生的旋转磁场 $\boldsymbol{\Phi}$ 的方向相同，而 T 绕组的轴线与 M 绕组磁场方向垂直。这样一来，M 和 T 两相绕组所产生的磁通刚好与三相定子绕组产生的旋转磁场等效，如图 7-1(b)所示。其中，M 绕组就相当于励磁绕组，i_M 即可相当于电动机励磁电流分量，用它来产生电动机的磁场；而 T 绕组相当于电枢绕组，i_T 分量相当于电动机的转矩电流分量。调节 i_M 的大小可以改变磁场的强弱，调节 i_T 的大小，可以在磁场一定时改变转矩。那么由这样的等效绕组组成的电动机，其控制原理与直流电动机的控制原理相同。

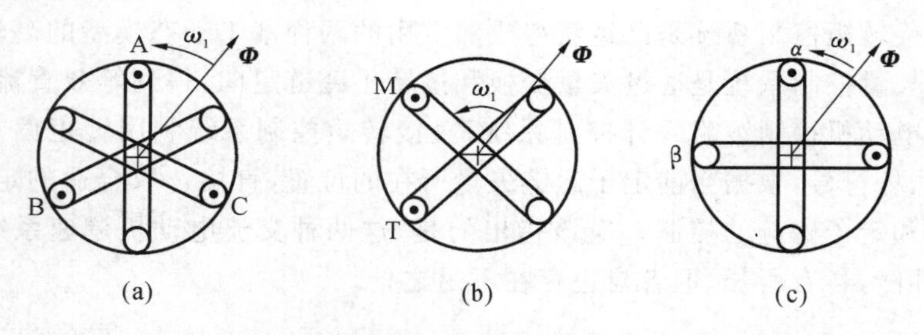

图 7-1　等效的交流电动机绕组和直流电动机绕组

三相异步电动机三相绕组的作用还可以用两个相互垂直、静止的两相 α 和 β 绕组所代替，如图 7-1(c)所示。在 α 和 β 绕组中通以两相平衡电流 i_α 和 i_β（时间上差$\frac{\pi}{2}$）时，也会产生一个旋转磁场，当旋转磁场的大小和转向与三相合成磁场都相同时，则 α、β 绕组与三相绕组等效，也与 M、T 绕组等效。

这里之所以要把三相定子绕组的旋转磁场变为两相绕组的旋转磁场，主要是因为两相绕组和三相绕组的区别在于三相绕组中任何一相电流所产生的磁通必定穿过另外两相，即三相绕组互相之间存在着耦合；在两相绕组中，由于两个绕组是相互垂直的，任一相电流所产生的磁通并不穿过另一相，两相绕组之间不存在耦合，即解耦的。原来存在磁耦合的三相绕组可以变换成没有磁耦合的两相绕组。就是说绕组间的磁耦合，通过坐标变换被解除了，故称为解耦变换。三相旋转磁场和两相旋转磁场都是多相交变磁场合成的结果，变换较容易；而三相旋转磁场和直流旋转磁场之间要直接变换就比较困难了，因此两相旋转磁场的等效变换能够在三相旋转磁场和直流旋转磁场之间起到“桥梁”的作用，所以坐标变换就是按照这样一个思路进行的。

7.1.2　坐标变换

如上节所分析，上述三种方法产生的旋转磁场完全相同的话，它们之间就可以进行等效变换。为了便于组成控制系统，对异步电动机采用矢量变换控制，需要把 *ABC* 三相坐标系的交流量先变换成 $\alpha\beta$ 两相坐标系的交流量，然后再变换成以转子磁场定向的 *MT* 直角坐标系的直流量，即必须进行坐标变换和矢量变换。通过矢量坐标变换实现的控制系统就叫作矢量控制系统，简称 VC 系统。此外，在控制调节过程中还需要对两相表示的电压、电流和磁通进行分析，确定其幅值的大小和相位。

这里主要介绍完成矢量变换运算功能涉及的三相/两相(3S/2S)变换和矢量旋转变换器(2S/2R)。由于矢量变换控制系统中最后必将直流还原为交流量，即所谓的逆变换，以控制异步电动机，因此这些运算功能的变换必须是可逆的。

1. 三相/两相变换(3S/2S 变换)

三相绕组 A、B、C 和两相静止绕组 α、β 之间的变换,称作三相/两相变换,简称 3/2 变换。如图 7-2 所示,取 A 轴和 α 轴重合,设三相绕组每相有效匝数为 N_3,两相绕组每相匝数为 N_2,由于通入的是交流电,所以产生的磁通势也按正弦规律随时间变化。由于三相与两相产生的磁场等效,那么按照合成旋转磁通势相同的原则,两种绕组瞬时磁通势在 α、β 轴上的投影应该相等,即

$$F_\alpha = N_2 i_\alpha = N_3 i_A - N_3 i_B \cos\frac{\pi}{3} - N_3 i_C \cos\frac{\pi}{3} = N_3\left(i_A - \frac{1}{2}i_B - \frac{1}{2}i_C\right) \tag{7-2}$$

$$F_\beta = N_2 i_\beta = N_3 i_B \sin\frac{\pi}{3} - N_3 i_C \sin\frac{\pi}{3} = \frac{\sqrt{3}}{2}N_3(i_B - i_C) \tag{7-3}$$

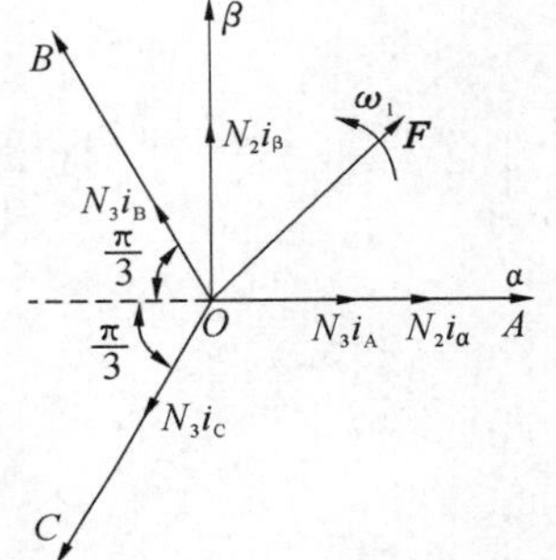

图 7-2 三相和两相磁通势的空间矢量

由此可以写出 i_α 和 i_β 的表达式如下

$$i_\alpha = \frac{N_3}{N_2}\left(i_A - \frac{1}{2}i_B - \frac{1}{2}i_C\right) \tag{7-4}$$

$$i_\beta = \frac{N_3}{N_2}\left(\frac{\sqrt{3}}{2}i_B - \frac{\sqrt{3}}{2}i_C\right) \tag{7-5}$$

写成矩阵形式为

$$\begin{bmatrix} i_\alpha \\ i_\beta \end{bmatrix} = \frac{N_3}{N_2}\begin{bmatrix} 1 & -\frac{1}{2} & -\frac{1}{2} \\ 0 & \frac{\sqrt{3}}{2} & -\frac{\sqrt{3}}{2} \end{bmatrix}\begin{bmatrix} i_A \\ i_B \\ i_C \end{bmatrix} \tag{7-6}$$

由于三相正弦电流满足 $i_A + i_B + i_C = 0$,同时考虑到 3S/2S 变换的可逆性,为了方便运算可以把上式(7-6)扩展为

$$\begin{bmatrix} i_\alpha \\ i_\beta \\ 0 \end{bmatrix} = \frac{N_3}{N_2}\begin{bmatrix} 1 & -\frac{1}{2} & -\frac{1}{2} \\ 0 & \frac{\sqrt{3}}{2} & -\frac{\sqrt{3}}{2} \\ K & K & K \end{bmatrix}\begin{bmatrix} i_A \\ i_B \\ i_C \end{bmatrix} = \boldsymbol{C}_{3/2}\begin{bmatrix} i_A \\ i_B \\ i_C \end{bmatrix} \tag{7-7}$$

式中:$\boldsymbol{C}_{3/2}$ 表示从三相坐标系变换到两相正交坐标系的变换矩阵,K 为未知数。则 $\boldsymbol{C}_{3/2}$ 与 $\boldsymbol{C}_{3/2}^{-1}$ 两矩阵的乘积应等于单位矩阵 $\boldsymbol{E}$,即

$$\boldsymbol{C}_{3/2}\cdot\boldsymbol{C}_{3/2}^{-1} = \left(\frac{N_3}{N_2}\right)^2\begin{bmatrix} 1 & -\frac{1}{2} & -\frac{1}{2} \\ 0 & \frac{\sqrt{3}}{2} & -\frac{\sqrt{3}}{2} \\ K & K & K \end{bmatrix}\cdot\begin{bmatrix} 1 & 0 & K \\ -\frac{1}{2} & \frac{\sqrt{3}}{2} & K \\ -\frac{1}{2} & -\frac{\sqrt{3}}{2} & K \end{bmatrix}$$

$$= \left(\frac{N_3}{N_2}\right)^2\begin{bmatrix} \frac{3}{2} & 0 & 0 \\ 0 & \frac{3}{2} & 0 \\ 0 & 0 & 3K^2 \end{bmatrix} = \frac{3}{2}\left(\frac{N_3}{N_2}\right)^2\begin{bmatrix} 1 & 0 & 0 \\ 0 & 1 & 0 \\ 0 & 0 & 2K^2 \end{bmatrix} = \boldsymbol{E}\begin{bmatrix} 1 & 0 & 0 \\ 0 & 1 & 0 \\ 0 & 0 & 1 \end{bmatrix}$$

所以 $\frac{3}{2}\left(\frac{N_3}{N_2}\right)^2 = 1$,且 $2K^2 = 1$,因此可以求出

$$\frac{N_3}{N_2} = \sqrt{\frac{2}{3}} \tag{7-8}$$

$$K = \frac{1}{\sqrt{2}} \tag{7-9}$$

所以 3S/2S 变换矩阵可以写成

$$\boldsymbol{C}_{3/2} = \sqrt{\frac{2}{3}}\begin{bmatrix} 1 & -\frac{1}{2} & -\frac{1}{2} \\ 0 & \frac{\sqrt{3}}{2} & -\frac{\sqrt{3}}{2} \\ \frac{1}{\sqrt{2}} & \frac{1}{\sqrt{2}} & \frac{1}{\sqrt{2}} \end{bmatrix} \tag{7-10}$$

上式的特点是 $\boldsymbol{C}_{3/2}$ 是正交矩阵，可以很方便求出其逆矩阵。在实际进行 3S/2S 变换时，也可以按照式(7-6)的形式进行计算，不会影响变换结果，即

$$\begin{bmatrix} i_\alpha \\ i_\beta \end{bmatrix} = \sqrt{\frac{2}{3}}\begin{bmatrix} 1 & -\frac{1}{2} & -\frac{1}{2} \\ 0 & \frac{\sqrt{3}}{2} & -\frac{\sqrt{3}}{2} \end{bmatrix}\begin{bmatrix} i_A \\ i_B \\ i_C \end{bmatrix} = \boldsymbol{C}_{3/2}\begin{bmatrix} i_A \\ i_B \\ i_C \end{bmatrix} \tag{7-11}$$

根据式(7-10)可求出反变换即 2S/3S 变换的变换矩阵

$$\boldsymbol{C}_{2/3} = \boldsymbol{C}_{3/2}^{-1} = \sqrt{\frac{2}{3}}\begin{bmatrix} 1 & 0 & \frac{1}{\sqrt{2}} \\ -\frac{1}{2} & \frac{\sqrt{3}}{2} & \frac{1}{\sqrt{2}} \\ -\frac{1}{2} & -\frac{\sqrt{3}}{2} & \frac{1}{\sqrt{2}} \end{bmatrix} \tag{7-12}$$

在实际进行 2S/3S 变换时，也可以写成

$$\begin{bmatrix} i_A \\ i_B \\ i_C \end{bmatrix} = \sqrt{\frac{2}{3}}\begin{bmatrix} 1 & 0 \\ -\frac{1}{2} & \frac{\sqrt{3}}{2} \\ -\frac{1}{2} & -\frac{\sqrt{3}}{2} \end{bmatrix}\begin{bmatrix} i_\alpha \\ i_\beta \end{bmatrix} = \boldsymbol{C}_{2/3}\begin{bmatrix} i_\alpha \\ i_\beta \end{bmatrix} \tag{7-13}$$

2. 2S/2R **变换**

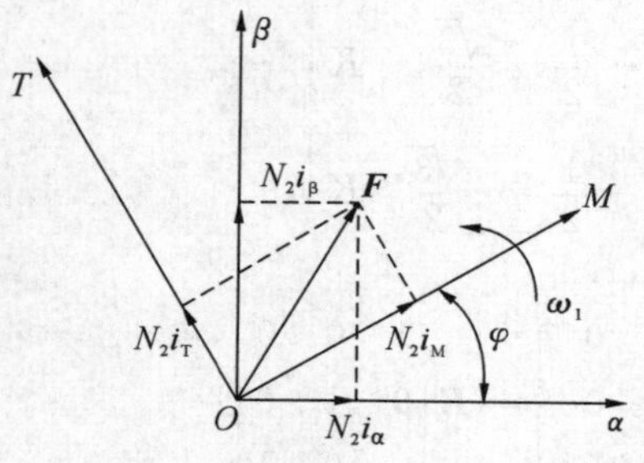

从两相静止坐标系 $\alpha\beta$ 到旋转坐标系 MT 之间的等效变换称为 2S/2R 变换，其中 S 表示静止，R 表示旋转。等效变换的原则同样是产生的磁通势相等，两相静止和旋转坐标系的磁通势空间矢量如图 7-3 所示。其中 $\alpha\beta$ 坐标系是静止的，MT 坐标系以角速度 ω_1 旋转，M 轴与 α 轴之间的夹角 φ 随时间变化。由于各绕组匝数相等，在磁通势方程中可以直接消去匝数，直接用电流表示，于是磁通势相等的方程可以表示为：

图 7-3　两相静止和旋转坐标系的磁通势空间矢量

$$i_\alpha = i_M\cos\varphi - i_T\sin\varphi \tag{7-14}$$

$$i_\beta = i_M\sin\varphi + i_T\cos\varphi \tag{7-15}$$

写成矩阵形式

$$\begin{bmatrix} i_\alpha \\ i_\beta \end{bmatrix} = \boldsymbol{C}_{2R/2S}\begin{bmatrix} i_M \\ i_T \end{bmatrix} = \begin{bmatrix} \cos\varphi & -\sin\varphi \\ \sin\varphi & \cos\varphi \end{bmatrix}\begin{bmatrix} i_M \\ i_T \end{bmatrix} \tag{7-16}$$

反之,2R/2S 变换为

$$\begin{bmatrix} i_M \\ i_T \end{bmatrix} = \begin{bmatrix} \cos\varphi & \sin\varphi \\ -\sin\varphi & \cos\varphi \end{bmatrix}\begin{bmatrix} i_\alpha \\ i_\beta \end{bmatrix} = \boldsymbol{C}_{2S/2R}\begin{bmatrix} i_\alpha \\ i_\beta \end{bmatrix} \tag{7-17}$$

7.1.3 矢量控制系统

通过矢量变换运算,与旋转磁场同步旋转的 M、T 绕组里的直流电流 i_M 和 i_T 的作用就与静止的 α、β 绕组里的交流电流 i_α 和 i_β 等效。又因为 i_α、i_β 和三相电流 i_A、i_B、i_C 有着固定的关系,所以只要通过变换运算,有规律地控制 i_A、i_B、i_C 就能达到预想的调节 i_M 和 i_T 的目的,这就是异步电动机矢量变换控制的基本思想。

当然直流绕组 M、T 在定子上旋转是不现实的,矢量控制的思路,只不过是利用等效的方法,通过矢量坐标变换的手段,把三相交流电动机的 i_M 和 i_T 分离出来,然后对这两个分量分别进行控制,最后通过坐标的反变换将所需要的控制量重新转换成三相交流量去控制实际的三相交流电动机。可见,通过坐标变换,可以把一台关系复杂的异步电动机等效为一台直流电动机进行控制。如图 7-4 所示为异步电动机坐标变换的结构图,从总体上看,就是以 i_A、i_B、i_C 为输入,以 ω 为输出的直流电动机。

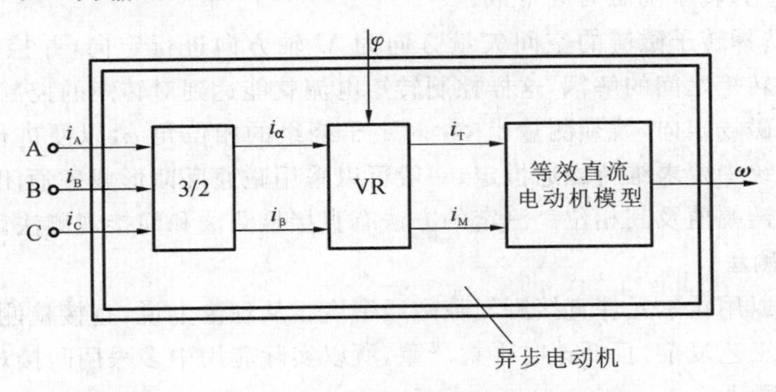

图 7-4　异步电动机坐标变换的结构图

异步电动机矢量变换控制系统如图 7-5 所示,图中给定信号和反馈信号经过类似于直流调速系统所用的控制器,产生励磁电流的给定信号 i_M^* 和电枢电流的给定信号 i_T^*,经过反旋转变换 VR^{-1} 得到 i_α^* 和 i_β^*,再经过 2/3 变换得到 i_A^*、i_B^*、i_C^*。把这三个电流控制信号和由控制器直接得到的频率控制信号 ω_1 加到带电流控制的变频器上,就可以输出异步电动机调速时所需要的三相变频电流了。

在设计矢量控制系统时,可以认为在控制器后面引入的反旋转变换与电动机内部的旋转变换环节 VR 抵消,如果再忽略变频器中可能产生的滞后,图 7-5 中点画线框内的部分可以完全删去,剩下的部分就和直流调速系统非常相似了。可以想象,矢量控制交流变压变频调速系统的动、静态特性完全能够与直流调速系统相媲美。

两相旋转 *MT* 坐标系虽然随定子磁场同步旋转,但 *M*、*T* 轴与旋转磁场的相对位置是可以任意选取的,也就是说有无数个 *MT* 坐标系可供选用。对 *M* 轴加以取向,将它与旋转磁场的相对位置固定下来,就称为磁场定向控制。若选择转子磁链 $\boldsymbol{\Psi}_2$ 矢量方向为 *M* 轴方向,

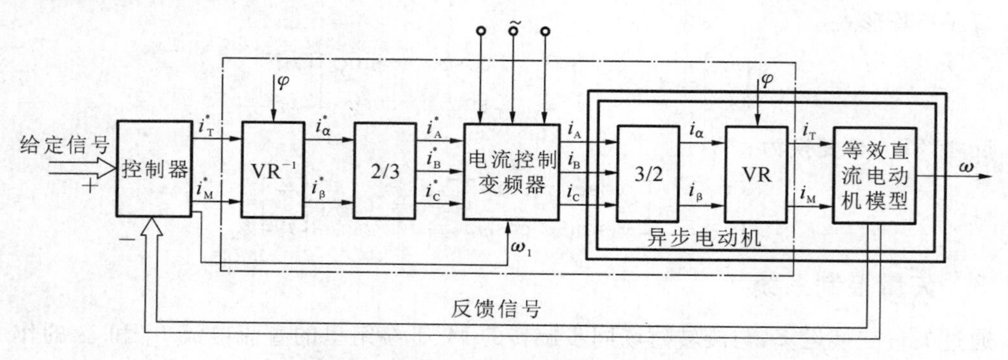

图 7-5　异步电动机矢量变换控制系统图

就有下列矢量控制的基本方程式成立

$$\Psi_2 = \frac{L_m}{1+T_2 n_p} \cdot i_{M1} \text{ 或 } i_{M1} = \frac{1+T_2 n_p}{L_m} \cdot \Psi_2 \tag{7-18}$$

$$\omega_s = \frac{L_m}{T_2 \Psi_2} \cdot i_{T1} \tag{7-19}$$

$$T_e = n_p \frac{L_m}{L_2} \cdot \Psi_2 i_{T1} \tag{7-20}$$

式中：$T_2 = L_{lr}/R_r$ 为转子励磁时间常数。

以上说明，选择转子磁链的空间矢量方向为 M 轴方向进行定向，并控制 $\boldsymbol{\Psi}_2$ 的幅值不变，可实现磁场、转矩之间的解耦，这样控制转矩电流就能达到对转矩的控制。

要实现转子磁场定向，就须测量出 $\boldsymbol{\Phi}_2$ 对定子绕组的相位角 φ，以便进行坐标的旋转变换。同时控制系统中要求维持磁通恒定，一般可以采用磁通反馈形成磁通闭环，这都需要测出实际的转子磁链幅值及其相位。测定的方法有直接检测法和间接观测法。

(1) 直接检测法。

直接检测可以用霍尔元件直接测气隙磁通密度。从理论上说，直接检测比较准确，但实际检测元件本身工艺复杂，且低速时干扰严重，所以实际应用中多采用间接观测方法。

(2) 间接观测法。

间接观测法是检测电压、电流和转速等易于测得的物理量，然后利用磁链(磁通)的观测模型，实时计算磁链的幅值与相位。

虽然可以检测出转子磁链的幅值和相位，但是由于转子磁链难以准确观测，矢量变换有一定的复杂性，运算量大，实际控制效果往往难以达到理论分析的结果，这是矢量控制技术在实践上的不足。此外，它必须直接或间接地得到转子磁链在空间上的位置，才能实现定子电流解耦控制，因此，在这种矢量控制系统中需要配置转子位置或速度传感器，这也给许多应用场合带来不便。

7.2　异步电动机的直接转矩控制系统

7.2.1　直接转矩控制的基本概念

直接转矩控制理论(DTC)是于 1985 年由德国波鸿鲁尔大学的 Depenbrock 教授首先提出来的，是继矢量控制系统之后发展起来的一种新型的具有高性能的交流变频调速系统。

矢量控制系统是通过模仿直流电动机的控制，以转子磁链定向，用矢量变换的方法，实现对异步电动机的转速(转矩)和磁链完全解耦的控制系统。直接转矩控制与矢量控制不同,它不是通过控制电流、磁链等量来间接控制转矩,而是把转矩直接作为被控量来控制,它不需要解耦电动机模型,而是在静止的坐标系中计算电动机的磁通和转矩的实际值,然后,经磁链和转矩的 band-band 控制产生 PWM 信号,对逆变器的开关状态进行最佳控制,在很大程度上解决了矢量控制中运算控制复杂、特性易受电动机参数变化的影响、实际性能难以达到理论分析结果等一些重大问题,克服了矢量控制中的不足,能方便地实现无速度传感器化,有很快的转矩响应速度和很高的速度及转矩控制精度,并以新颖的控制思想,简明明了的系统结构,优良的动、静态性能得以迅速发展。

7.2.2 直接转矩控制系统

按定子磁链控制的直接转矩控制系统的原理框图如图 7-6 所示。和矢量控制系统一样,它也是分别控制异步电动机的转速和磁链,而且采用在转速环内再设置转矩内环的方法,以抑制磁链变化对转速系统的影响,因此,转速与磁链子系统也是近似解耦的。

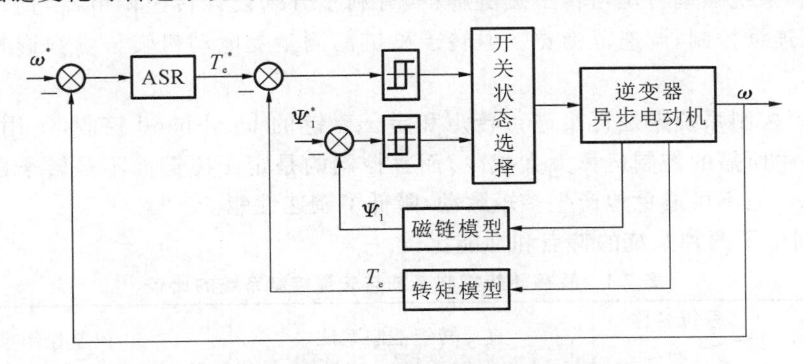

图 7-6　直接转矩控制系统结构示意图

直接转矩控制系统中的核心问题是:转矩和定子磁链观测模型以及如何根据转矩和磁链的偏差信号来选择电压空间矢量控制器的开关状态。如图 7-6 所示的控制系统,在每个采样周期采集现场的定子磁链值 Ψ_1 和转矩值 T_e,并分别同给定的定子磁链值 Ψ_1^* 和转矩值 T_e^* 进行比较,以控制定子磁链偏差 $\Delta\Psi=\Psi_1^*-\Psi_1$ 和转矩值偏差 $\Delta T_e=T_e^*-T_e$ 分别在相应的范围内(磁链带宽和转矩带宽)为目的,从而确定逆变器的六个功率开关器件的状态(开关策略)。转矩和定子磁链的这种控制方式为直接反馈的双位式 band-band 控制。这种控制方式避开了将定子电流分解成转矩分量和励磁分量这一做法,省去了旋转坐标变换,简化了控制系统的结构,但也带来了转矩脉动这一不利现象,从而限制了调速的范围。

直接转矩控制系统有以下几个主要特点。

(1) 直接转矩控制是直接在定子坐标系下分析交流异步电动机的数学模型,控制其磁链和转矩,因此,它所需进行的信号处理特别简单。

(2) 直接转矩控制中,磁场定向用的是定子磁链,只要知道了定子电阻就可以把定子磁链观测出来,因而大大地减少了控制性能受参数变化的影响。

(3) 直接转矩控制是采用空间矢量的概念来分析异步电动机的数学模型,并控制其物理量,使问题变得简单明了。

(4) 直接转矩控制是把转矩直接作为被控量,因此,它并非要获得理想的正弦波电流,或是强调圆形的磁链轨迹,而是追求转矩的直接控制效果。

(5) 直接转矩控制是利用空间矢量的分析方法，直接在定子坐标系下计算电动机的转矩，借助于开关控制产生 PWM 信号，它没有通常的 PWM 信号发生器。该控制系统的转矩响应迅速，且无超调，是一种高性能的交流调速方法。

实际上，直接转矩控制也存在缺点，如：逆变器开关频率的提高受到一定的限制；磁链的计算由于采用了带积分环节的电压模型，积分初值、累积误差和定子电阻的变化都会影响磁链计算的准确度。也正是由于这个原因，抑制转矩脉动、提高低速性能便成为改进原始的直接转矩控制系统的主要方向，许多学者和开发工程师都在这些性能的改进方面做了大量的研究工作。

7.3 直接转矩控制与矢量控制的比较

直接转矩控制系统和矢量控制系统都是已经获得实际应用的高性能异步电动机调速系统，虽然都采用转矩和磁链分别控制，但两者在性能上各有特点。

矢量控制系统强调转矩与转子磁链解耦，有利于分别设计转速调节器与转子磁链调节器，可以实行连续控制，调速范围宽。但转子磁链的测量受电动机转子参数影响大，降低了系统鲁棒性。

直接转矩控制系统则是直接进行转矩和定子磁链的 band-band 控制，不用旋转坐标变换，控制过程中所需的控制运算大大减少，而且控制的是定子磁链而不是转子磁链，不受转子参数的影响，但不可避免地产生转矩脉动，降低了调速性能。

表 7-1 列出了两种系统的特点和性能比较。

表 7-1　直接转矩控制系统与矢量控制系统的比较

系统名称 / 性能指标	直接转矩控制系统	矢量控制系统
磁链控制	定子磁链	转子磁链
转矩控制方式	band-band 控制，脉动	连续控制，平滑
坐标变换形式	3S/2S 变换	3S/2S 变换、2S/2R 旋转变换
转子参数变化的影响	无	有
调速范围	不够宽	比较宽

从表 7-1 中可以看出，如能将直接转矩控制系统和矢量控制系统结合起来，取长补短，应能构成性能更为优越的控制系统，这也正是当前国内外交流异步电动机变频调速的研究方向之一。

本章小结

异步电动机的矢量控制和直接转矩控制系统是目前应用较多的高动态性能的交流变压变频调速系统。矢量控制技术以转子磁链定向，用矢量变换的方法，实现了对交流电动机的转速和磁链控制的完全解耦，在理论上可使交流调速系统在动、静态性能上与直流传动相媲美。然而在实际上，由于转子磁链难于准确观测，以及系统特性受电动机参数的影响较大，矢量控制系统实际的控制效果难以达到理论分析的结果，这是矢量控制技术在实践上的不足之处。直接转矩控制系统是继矢量控制系统之后发展起来的另一种高动态性能的交流变压变频调速系统，该理论不同于矢量控制技术，它解决了矢量控制中运算控制复杂、特性易受电动机参数变化的影响、实际性能难以达到理论分析结果等一些重大问题。运用直接转矩控制技术的系统结构明了，动、静态特性得到很大的发展，成为国际电力传动领域的一个研究热点。

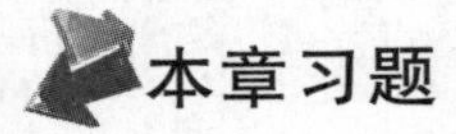

本章习题

7-1 简述矢量控制和直接转矩控制的基本思想。

7-2 直接转矩控制系统的特点是什么？

7-3 通过哪些变换矩阵可以将三相异步电动机的数学模型简化成 *MT* 坐标系电动机的数学模型？请具体写出它们。

7-4 比较矢量控制系统和直接转矩控制系统的优缺点。

7-5 矢量控制系统中，要实现转子磁链定向的任务是什么？可以采用什么方法？

第8章 调速控制系统的应用

当前交直流调速控制系统在工业、交通、物流、建筑、智能制造、新能源等行业有着十分广泛的应用。交直流调速控制各有不同的控制方式和特点，随着电力电子技术、自动控制技术和计算机技术的广泛应用，系统控制性能得到进一步的提升。

本章介绍几种比较典型的电力传动自动控制系统，重点介绍系统的组成、原理以及应用特点。

8.1 微机控制的双闭环直流调速系统

1. 微机控制的双闭环直流调速系统的硬件结构

采用微型计算机(微机)来实现双闭环直流电动机调速系统的控制，用全数字方式取代传统的模拟控制方式，不仅提高了系统的可靠性、灵活性，而且还为整个系统的多功能、智能化提供了必要条件。

微机控制的双闭环直流电动机调速系统的组成框图如图 8-1 所示，就控制规律而言，微机控制的双闭环直流电动机调速系统，与用模拟器组成的双闭环直流调速系统完全等同。微机控制的双闭环直流调速系统与模拟控制的双闭环直流调速系统的区别主要在于：

(1) 原来用电压量表示的给定信号现在改为用数字量给定，转速反馈信号直接由数字式测速装置光电编码器 PG 获得，电流反馈信号可以经过 A/D 转换后成为数字信号输入到微机系统中；

(2) 用数字式转速调节器、电路调节器代替模拟调节器；

(3) 直接采用数字 PWM 信号发生器产生 PWM 信号，从而构成微机控制的双闭环直流电动机调速系统。

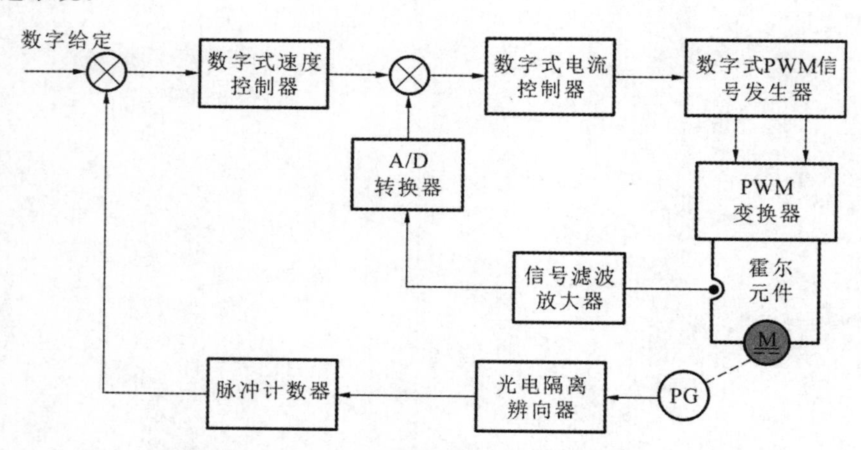

图 8-1 微机控制的双闭环直流调速系统框图

微机控制的双闭环直流电动机调速系统的硬件结构原理图如图 8-2 所示，主要由主电路、检测电路、数字控制器、微机单元等部分组成。

1) 主电路

三相交流电源经不可控整流器变换为电压恒定的直流电源，再经过直流 PWM 变换器

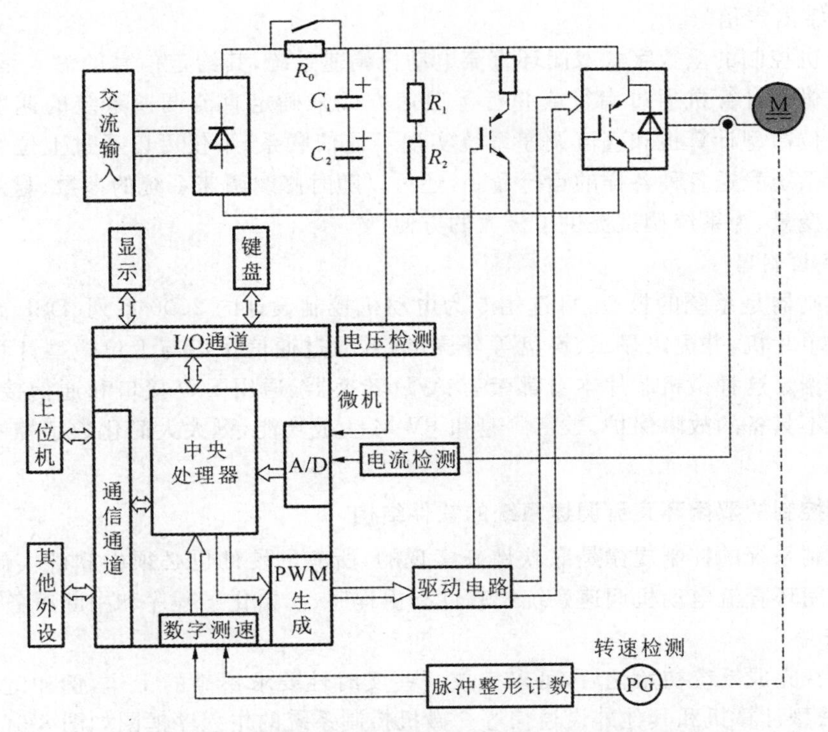

图 8-2 微机控制的双闭环直流调速系统原理图

得到可调的直流电压，给直流电动机供电，PWM 变换器通常选用直流 PWM 功率变换器。

2）检测回路

检测回路包括电压、电流、温度和转速检测通道，检测回路将信号变为数字量送入微机，转速检测用数字测速，电压、电流、转速和温度检测既可用输出为模拟量的传感器，经过 A/D 转换后将信号送至微机，也可直接用数字测量方法，将信号直接送入微机。由图 8-2 可知，在本系统中，最重要的检测为电流检测和转速检测，下面分别介绍电流检测回路和转速检测回路的组成。

(1) 电流检测回路。

电流检测主要由霍尔元件实现，由于电动机电枢电流可能是双极性的（正向的和反向的电枢电流），与之相对应霍尔元件输出的信号也是双极性的弱电流信号，因此需要对霍尔元件的输出信号进行滤波和放大。在电流检测回路中，要进行计算机的检测计算，还需要将经过滤波和放大的模拟信号转换成计算机可以接收的数字信号。在系统设计时，可选用满足测量精度要求的 A/D 转换器件，将模拟信号转换为数字信号。

(2) 转速检测回路。

转速检测由光电脉冲编码器实现，光电脉冲编码器的安装与电动机转子同轴，它输出的 A、B 脉冲信号进入微机控制电路之前，必须经过光电隔离，防止电磁干扰影响微机控制电路的正常工作。当电动机高速运行时，A、B 脉冲信号的频率也很高，要求光电隔离器件有比较快的响应速度。

由于电动机要正、反转运行，因此还需要对 A、B 脉冲进行分频和鉴相，产生 A、B 脉冲的 4 倍频、2 倍频、4 分频、2 分频信号和电动机的转向信号，这些信号才可以输出到微机中进行计数、定时和处理，进行转速测量。

(3) 数字给定信号。

作为微机控制的全数字式双闭环直流电动机调速系统,其给定信号的输入是数据指令,通常由上位微型计算机通过串行或并行等通信方式来确定直流调速系统的速度和工作方式。一旦上位微型计算机和直流调速系统实现了通信联系,不仅可以通过上位微型计算机给直流调速系统发送各种各样的运行命令,还可以随时修改调速系统的参数、显示其运行过程中的状态变量,为系统调试提供了极大的方便。

3) 数字控制器

数字控制器是系统的核心,可选用专为电动机控制设计的2000系列、DSP或其他电动机控制用的单片机,并配以显示、键盘等外围电路,通过通信接口与上位微型计算机或其他外设交换数据。这种微机芯片本身都带有A/D转换器、通用I/O接口和通信接口,还带有一般微机并不具备的故障保护、数字测速和PWM生成功能,可大大简化数字控制系统的硬件电路。

2. 微机控制的双闭环直流调速系统的软件结构

微机控制系统的控制规律是靠软件来实现的,所有的硬件也必须由软件实施管理。微机控制的双闭环直流电动机调速系统的软件有主程序、初始化子程序和中断服务子程序等。

1) 主程序

主程序在完成系统初始化后,可以完成一些实时性要求不高的工作,例如键盘处理、显示、与上位微型计算机和其他外设通信等。微机控制系统的主程序框图如图8-3(a)所示。

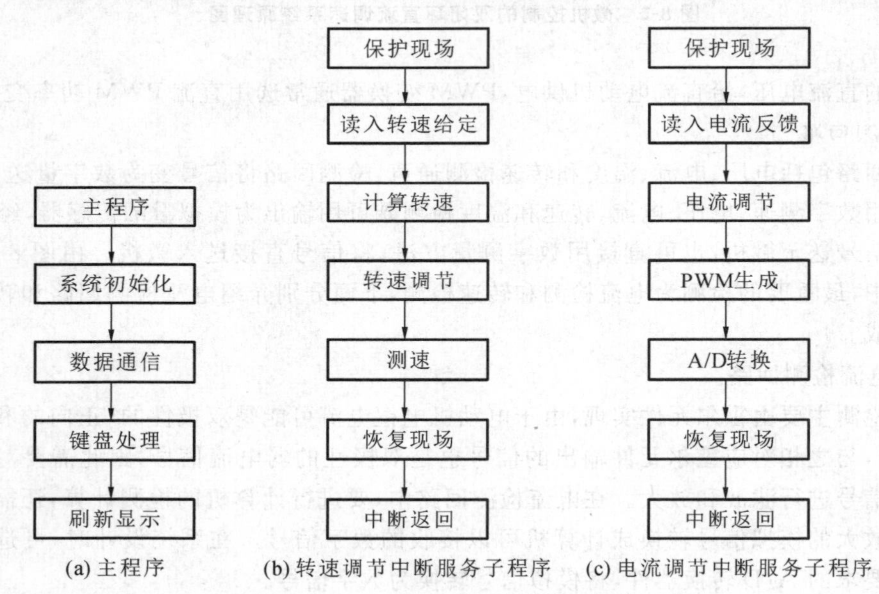

(a) 主程序　(b) 转速调节中断服务子程序　(c) 电流调节中断服务子程序

图8-3　微机控制的双闭环直流电动机调速系统软件框图

2) 初始化子程序

初始化子程序主要完成硬件工作方式的设定、系统运行参数和变量的初始化等任务,初始化子程序是保证微机控制系统正常工作的基本条件。

3) 中断服务子程序

中断服务子程序完成实时性强的工作,如PWM生成、状态监测和数字PI调节等。在双闭环直流电动机调速系统中需要分别对转速和电流进行调节,因此设置了转速调节和电流调节两个中断服务子程序。中断服务子程序由相应的中断源提出申请，CPU 实时响应。

转速调节中断服务子程序框图如图 8-3(b)所示。进入转速调节中断服务子程序后，首先应保护现场，再计算实际转速，完成转速 PI 调节，最后进行转速检测，为下一步调节做准备。在中断返回前应恢复现场，使被中断的上级程序正确、可靠地恢复运行。

电流调节中断服务子程序框图如图 8-3(c)所示，主要完成电流 PI 调节和 PWM 生成，然后进行 A/D 转换，为下一步调节做准备。

转速调节和电流调节均可采用定时中断。需要注意的是，电流调节器在内环，转速调节器在外环。选择定时时间常数时，转速定时时间常数应大于电流定时时间常数。

3. 应用说明

直流调速系统具有良好的调速特性，在容量不是很大、速度不是很高、要求高精度的调速系统中仍然有一定应用价值。在冶金、轻工、物流等行业有应用场合。

采用 PI 调节的转速、电流双闭环控制使系统静态、动态的性能均得到改善。应用微机控制容易实现数字给定、数字反馈和数字调节，但是为了提高系统的快速性，也有采用模拟调节器来实现 PI 调节的，要根据实际系统的具体要求，完成方案的分析对比，确定方案后，再进行系统硬件和软件的设计。

8.2 直流 PWM 调速系统

1. PWM-M 调速系统

本节介绍的 PWM-M 调速系统结构框图如图 8-4 所示，系统为带电流截止环节的单闭环电压反馈调速系统。主电路由 IGBT 和缓冲电路组成，控制部分由给定积分器、PI 调节器、PWM 产生环节、IGBT 驱动电路、过流保护环节、电压反馈环节及电流截止环节组成。其中 PWM 波由 UC3637 芯片产生，IGBT 驱动电路采用 EXB840 组件，采用受限单极式控制方式。

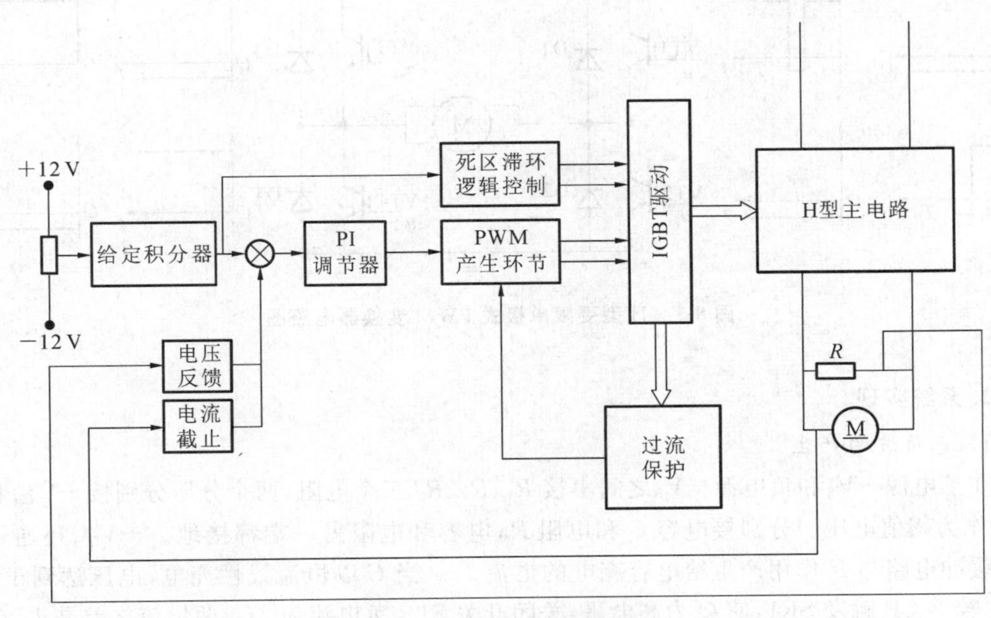

图 8-4　PWM-M 调速系统框图

1）主电路

主电路电力电子器件采用绝缘栅双极晶体管，简称IGBT，是由MOSFET和晶体管技术结合而成的复合型器件，是20世纪80年代出现的新型复合器件，在电动机控制、中频和开关电源，以及要求快速、低损耗的领域备受青睐。目前IGBT的研制水平已走向第三代，其特征是进一步降低通态压降和提高工作速度，产品已基本上模块化。IGBT的开通和关断是由门极电压来控制的。门极施以正电压时，MOSFET内形成沟道，并为PNP晶体管提供基极电流，从而使IGBT导通。在门极上施以负电压时，MOSFET内的沟道消失，PNP晶体管的基极电流被切断，IGBT即关断。

将IGBT用于变换器时，应采取保护措施以防损坏器件，常用的保护措施有：

（1）通过检出的过流信号切断门极控制信号，实现过流保护；

（2）利用缓冲电路抑制过电压并限制过量的 du/dt；

（3）利用温度传感器检测IGBT的壳温，当超过允许温度时主电路跳闸，实现过流保护。

2）驱动电路

驱动电路采用EXB系列芯片，EXB系列包括普通型和高速型，能驱动150 A/600 V的IGBT单管或集成模块；驱动信号延迟≤1 μs，适用于频率高达50 kHz的开关电路，输入电流为10 mA。EXB840芯片由放大电路、过流保护部分及5 V电压基准部分等部分组成。

3）控制电路

H型受限单极式PWM变换器与上述非受限单极式PWM变换器电路相同，差别也只是四只开关管的通断情况不同，如图8-5所示。当负载较重时，其控制方法是：当控制电压 $U_C>0$ 时，u_{g1} 正负交替，VT1处于开、关状态，VT4连续饱和导通，VT2、VT3始终关断，电动机正转；$U_C<0$ 时，u_{g1} 与 u_{g2} 对换，u_{g3} 与 u_{g4} 对换（或 u_{g1} 与 u_{g3} 对换，u_{g2} 与 u_{g4} 对换），电动机反转。U_C 减小时，驱动脉冲 U_g 的正半波宽度随之减小，电动机减速直到电动机停止。

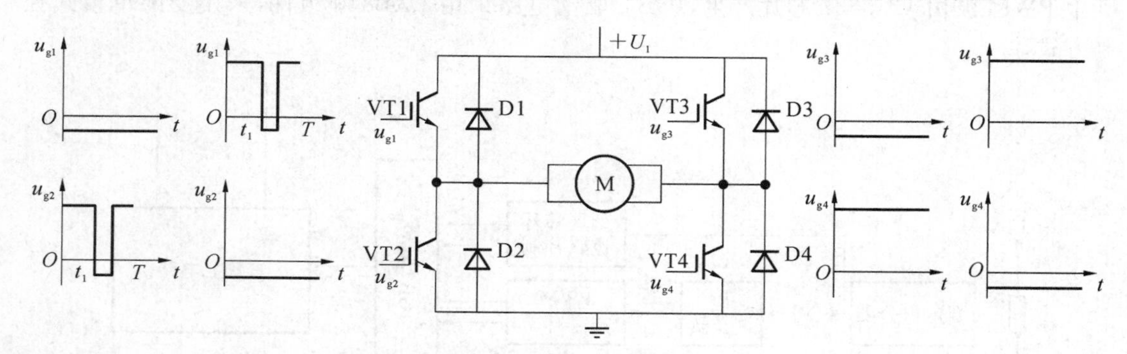

图8-5　H型受限单极式PWM变换器电路图

2. 系统实现

1）三角波的产生

在正电源 $+V_S$ 和负电源 $-V_S$ 之间串接 R_1、R_2、R_3 三个电阻，两个分压分别接 $+V_{TH}$ 和 $-V_{TH}$，作为阈值电压。分别接电容 C 和电阻 R，电容和电阻另一端都接地。$+V_{TH}$ 还通过内部的缓冲电路与 R 作用产生给电容充电的恒流 I_S。当 C 以恒流线性充电，电压达到 $+V_{TH}$ 时，比较器CP触发SR1，使 Q 为高电平，关闭开关S1。负电流为 $2I_S$，两恒流之差是 I_S，C 以 I_S 线性放电，到 $-V_{TH}$ 时，比较器CN触发SR1的复位端 R，引起电容的重新充电过程。产生的三角波电压信号峰值为 $\pm V_{TH}$，其频率决定于 $\pm V_{TH}$、C 和 R。输出的三角波如图8-6所示。

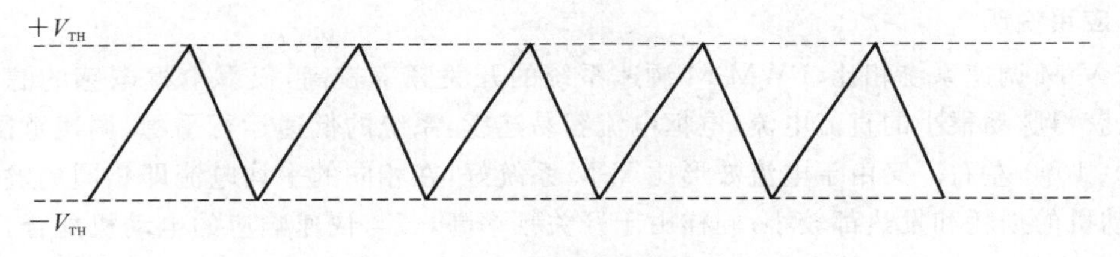

图 8-6　三角波

2）给定积分电路

给定积分电路如图 8-7 所示，给定积分电路由三个运算放大器 U1A、U2A、U3A 及阻容网络构成。

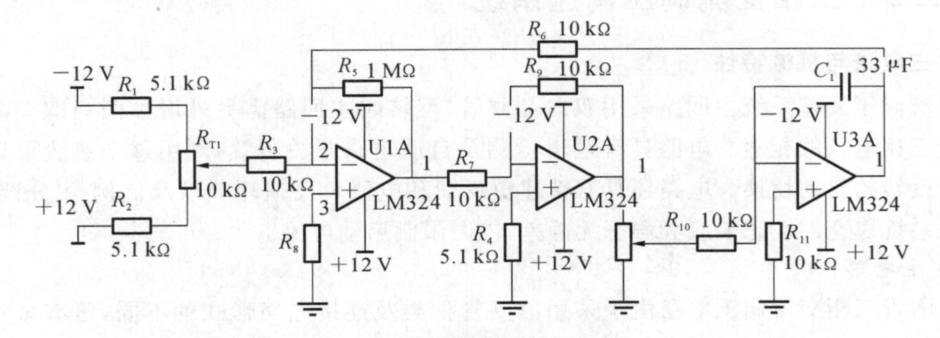

图 8-7　给定积分电路

图中运算放大器 U1A 近似于开环状态，它的放大系数 K_1 很大，只要 u_a 大于它的限幅的 1/100，其输出 u_1 便会达到限幅值。运算放大器 U2A 构成反相器，以使整个积分器能够形成负反馈闭环。U3A 和 C_1 组成积分环节，它把 u_a 的阶跃信号变为某一斜率的信号。

3）PI 调节器及反馈

PI 调节器是无静差调速系统的重要组成部分，也是实现无静差调速的根本所在。PI 调节器是用集成运算放大器组成的比例-积分调节电路，如图 8-8 所示。

PI 调节器的输出电压 U_{ex} 由比例和积分两个部分相加而成。在突加输入信号时，由于电容两端电压不能突变，相当于一个放大系数为 K_p 的比例调节器，在输出端立即呈现电压 K_pU_{in}，加快了系统的调节过程，发挥了比例控制的长处。此后，随着电容 C_1 被充电，输出电压 U_{ex} 开始积分，其数值不断增长，直到稳态。稳态时，C_1 两端电压等于 U_{ex}，C_1 停止充电，R_1 已不起作用，又和积分调节器一样了，这时又能发挥积分控制的长处，即调节器处于开环状态，具有很高的放大倍数，实现了稳态无静差。

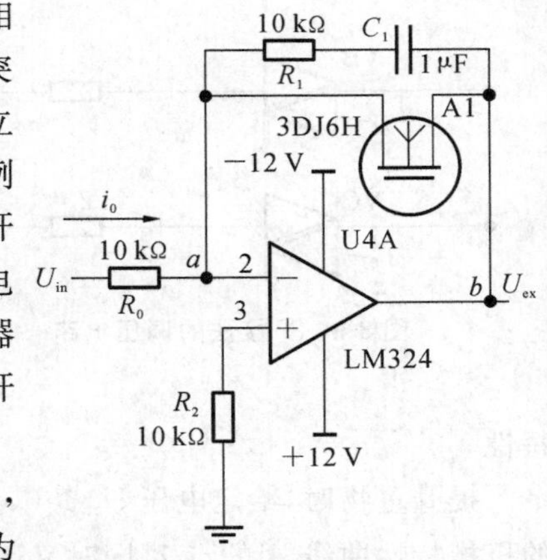

图 8-8　比例-积分调节电路

图 8-8 中的场效应管的作用是当负载出现过流时，场效应管导通，给 C_1 提供放电回路，使输入电压迅速降为 0，无输入信号，起到保护作用。

此外，电路还设置了死区滞环及互锁逻辑控制和过电流控制环节。

3. 应用说明

与 V-M 调速系统相比，PWM-M 调速系统的开关频率较高，仅靠电枢电感的滤波作用就足以获得脉动很小的直流电流，电枢电流容易连续，系统的低速运行平稳，调速范围较宽，可达 1∶1000 左右。又由于电流波形比 V-M 系统好，在相同的平均电流即相同的输出转矩下，电动机的损耗和发热都较小；同样由于开关频率高，若与快速响应的电动机配合，系统可以获得很宽的频带，因此快速响应性能好，动态抗扰能力强；由于电力电子器件只工作在开关状态，主电路损耗较小，装置效率较高。

同时应该指出的是，受到器件容量的限制，直流 PWM-M 调速系统目前只用于中、小功率的系统。

 8.3 三相交流调压调速系统

1. 主电路与机械特性

交流调压调速系统主回路采用双向晶闸管，反转时主回路需另外增加两只双向晶闸管以改变三相电压的相序。电路具有逻辑检测及自动逻辑开关装置，利用这个装置可以完成正转与反转的自动切换。电路还具有转速负反馈和电流负反馈环节以及比例-积分调节器，以实现系统快速的动态响应和静态无静差，同时限制启动电流。

1）主电路

晶闸管三相交流调压电路由于采用晶闸管种类及连接电路形式的不同，可有多种组合形式，但只选用由双向晶闸管组成的能耗较小的三相全波相位控制的 Y 型连接的调压电路。由于系统无零线，故在进行相位控制时，至少要有两个晶闸管同时导通，并对触发电路要求如下：

① 三相正（或负）触发脉冲依次间隔 120°，而每相正、负脉冲间隔 180°；

② 采用双脉冲或宽脉冲触发，以确保两相同时导通；

③ 确保触发脉冲与主电源电压同步，以保证输出的三相电压对称可调。

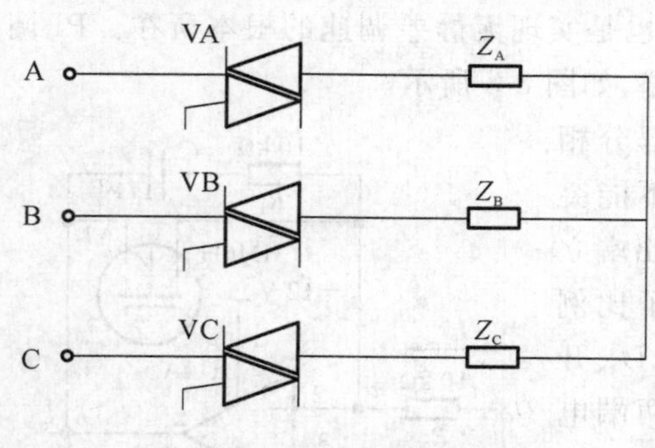

图 8-9 Y 接法的调压电路

Y 接法的调压电路如图 8-9 所示，Z 为负载，对于不同性质负载、不同触发角 α，电压电流波形及其特点也不相同。纯电阻负载其特点是电压波形与电流波形相似，其相位差（阻抗角）$\varphi=0°$；对于电阻-电感性负载、反电动势负载，由于其电流滞后电压一个阻抗角 φ，故调压电路的输出电压不仅与控制角 α 有关，还与阻抗角 φ 有关。

2）机械特性

该系统工作在不同状态时的机械特性如图 8-10所示，现在以负载为起重机为例分析其工作特性。

提升重物时，给定电压 $U_{rn}>0$，正转晶闸管工作，电动机运行在由给定电压和负载决定的机械特性曲线 A 的点 1，同时又运行在电动机固有机械特性曲线 b_1 上。此时电动机处于正向运行状态。若在正向运行时给出下放重物信号，给定电压 $U_g<0$，由于转速反馈电压 U_{fn}受限于转速来不及变化，故调节器输出电压变负，正转晶闸管关断，再经逻辑开关延时后，控制反转晶闸管导通，由于电动机进行电源反接制动，从系统特性 A 与电动机固有特性

C_2 的交点 2 开始，系统运行速度骤减至零，即运行至点 3，并随之反向启动。当速度达到反向给定电压所对应的转速时刻，由于是下放位能负载，转速会出现超调，其电流变零，系统又在反向给定下切换到正转晶闸管导通，系统由反向运行的点 4 切换到负载倒拉反接制动的点 5，电动机产生制动转矩阻碍重物下放，此时电动机由重物带动即以稳定的速度下放。

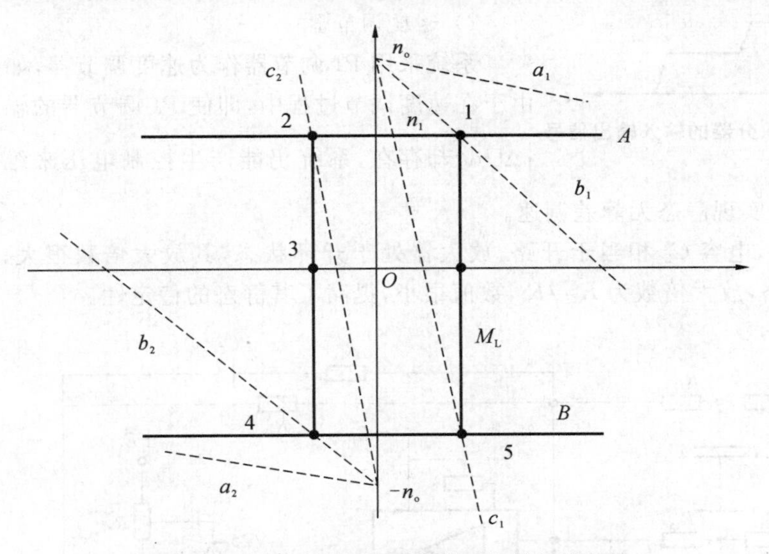

图 8-10　异步电动机调压调速系统的机械特性

2. 系统控制特性

为了提高控制特性，系统采用了双闭环调速系统，控制对象为交流异步电动机，其动态特性可以用一阶惯性环节和积分环节串联来表示。为了保证调速精度、提高系统的动态响应，其电流调节器和速度调节器均采用比例-积分调节器。整个系统以电流闭环为内环，以速度闭环为外环，其动态结构图如图 8-11 所示。

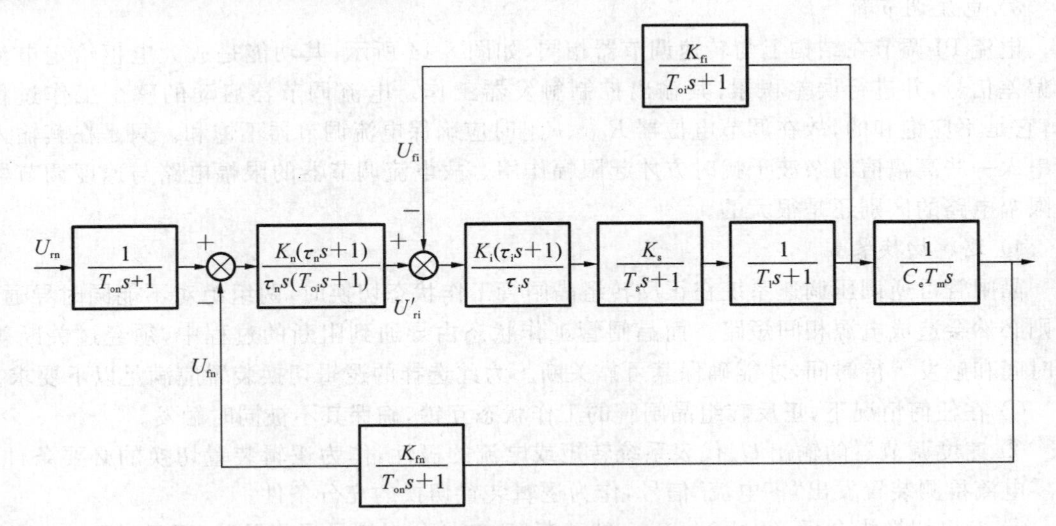

图 8-11　双闭环系统动态结构图

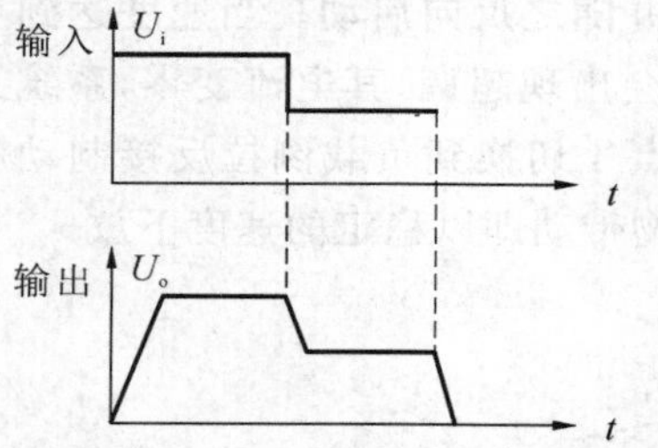

1）给定积分环节

为了消除阶跃给定时对调速系统的过大冲击，并使系统的电动机转速能稳步上升，在速度调节器的输入端接以给定积分器，给定积分器的输入输出信号如图 8-12 所示。

图 8-12　给定积分器的输入输出信号

2）速度调节器

系统采用 PI 调节器作为速度调节器，如图 8-13 所示。由于在速度调节过程中，即使 PI 调节器的输入 $\Delta U=0$，但 $\int \Delta U \mathrm{d}t$ 却存在，系统仍能产生控制电压来维持正常运行。故该系统可以实现静态无静差调速。

在静态时，电容 C_2 相当于开路，放大器处于开环状态，其放大倍数很大；动态时，电容 C_2 相当于短路，放大倍数为 $R_{\mathrm{IT}}/R_{\mathrm{i}}$，数值很小，提高了其静态的稳定性。

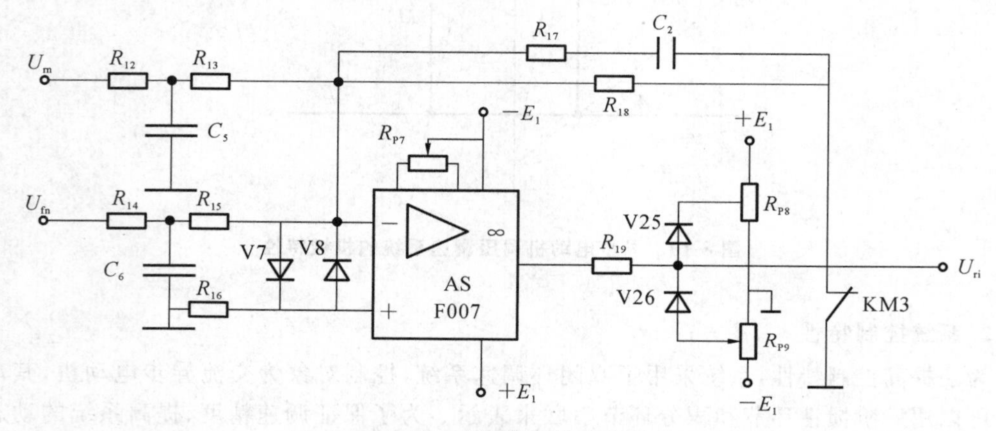

图 8-13　速度调节器原理图

3）电流调节器

电流 PI 调节在结构上与转速调节器相同，如图 8-14 所示，其功能是放大电枢给定电流的偏差信号，并进行误差积累，其输出控制触发器工作。电流调节器启动的整个工作过程中，它是不应饱和的，故在调节电位器 R_{P11}、R_{P12} 时应确保电流调节器不饱和。只是在其输入端串入一些高幅值的杂波干扰时方才起限幅作用。故电流调节器的限幅电路与速度调节器的限幅电路的区别还是很大的。

4）逻辑切换装置

晶闸管可逆调压调速系统在正反转组晶闸管工作状态切换时，两组绝对不能同时导通，否则必然会造成电源相间短路。而晶闸管工作状态由导通到阻断的过程中，须经过关断等待时间和触发等待时间，才能确保其可靠关断。为此选择的逻辑切换装置应满足以下要求。

① 在任何情况下，正反转组晶闸管的工作状态互锁，确保其不被同时触发。

② 速度调节器的输出 U_{ri} 代表系统转矩或电流的极性，作为逻辑装置切换的必要条件；而零电流检测装置发出“零电流”信号，作为逻辑装置切换的充分条件。

③ 发出切换指令后，经过 2～3 ms 的关断等待时间，封锁导通组脉冲；再经过 7 ms 左右的触发等待时间，才能开放另一组。

逻辑切换装置由电平检测、逻辑判断、延时电路、逻辑保护等四部分组成。其框图如图 8-15 所示。

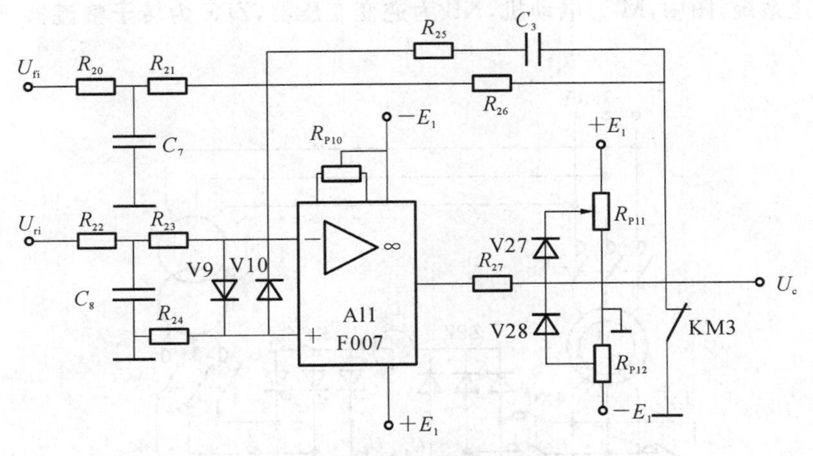

图 8-14　电流调节器原理图

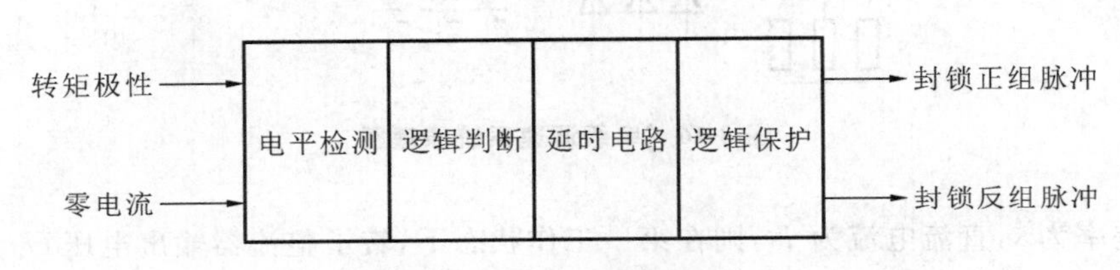

图 8-15　逻辑切换装置

3. 应用说明

交流调压调速系统中,异步电动机带恒转矩负载调速时,实际上是靠增大转差率、减小输出功率来换取转速的降低的。而输入的功率没有改变,增加的转差功率全部消耗在转子电阻上,属于转差功率消耗型的调速方法。

交流调压调速如果增大转子电阻,临界转差率将加大,可以扩大恒转矩负载下的调速范围,并使电动机能在较低转速下运行而不至于过热。这种高转子电阻电动机又称作交流力矩电动机,虽然调速范围变大了,但是机械特性较软,因此交流调压调速系统常采用闭环控制。

交流调压转速单闭环控制的调速系统在很大程度上提高了系统的机械特性,但是系统的特性不是十分理想,采用双闭环控制的调速系统可以使系统的静态特性和动态特性都有提高。交流调压调速系统在调速精度要求不是很高的场合有应用价值,如起重机、风机、水泵及行车等设备。

8.4　晶闸管串级调速的微机控制系统

1. 串级调速的工作原理

绕线式异步电动机转子回路串入电阻实现调速时,转差能量变为热能消耗在电阻上,故效率很低。如果在绕线式异步电动机转子回路中串入与转子同频率的附加电动势 E_f,通过改变 E_f 的幅值和相位,同样也可以实现调速,这样电动机在低速运转时,转子中的转差功率 P_s 只有小部分消耗在转子绕组电阻上,而大部分被串入的附加电动势 E_f 所吸收并回馈给电网,因而具有较高的效率,这种调速方法称为串级调速。如图 8-16 所示为采用低同步晶闸管的串级调速系统，图中，M 为电动机，NB 为逆变变压器，ZPZ 为转子整流器，KPZ 为晶闸管逆变器。

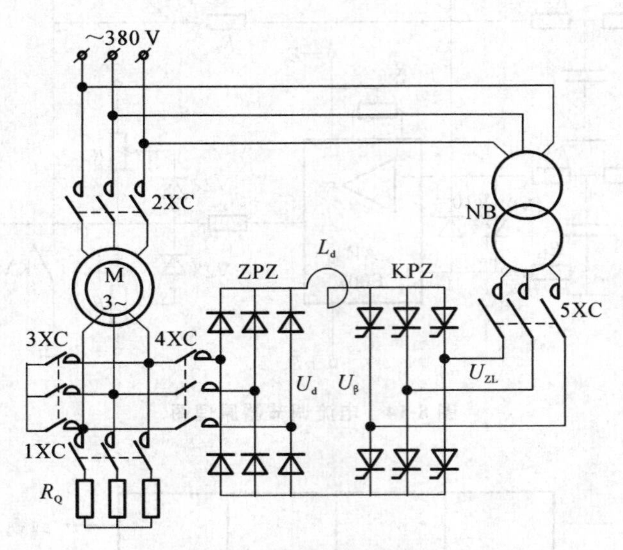

图 8-16 串级调速系统原理图

若转差率为 s，直流电流为 I_d，则在第一工作状态下，转子整流器输出电压 U_d 为

$$U_d = 2.34sE_{2D} - I_d\left(\frac{3X_Ds}{\pi} + 2R_D\right) - 2\Delta U_d \tag{8-1}$$

式中：E_{2D} 为转子堵转时的额定相电势；R_D、X_D 为折算到转子侧的电动机每相等效电阻和电抗（按星形接法计算）；ΔU_d 为转子整流器每个桥臂元件的压降。

若逆变角为 β，则三相桥式有源逆变器的直流电压 U_β（即附加电动势 E_f）为

$$U_\beta = 2.34E_{2B}\cos\beta + I_d\left(\frac{3X_B}{\pi} + 2R_B + R_d\right) + 2\Delta U_\beta \tag{8-2}$$

式中：E_{2B} 为逆变变压器二次侧的相电压；R_B、X_B 为折算到变压器二次侧的电动机每相等效电阻和电抗（按星形接法计算）；R_d 为直流回路电抗器电阻；ΔU_β 为三相桥式有源逆变器每个桥臂元件的压降。

由于 $U_d = U_\beta$，转差率 $s = 1 - n/n_0$，经代换整理后的晶闸管串级调速的转速表达式为

$$n = n_0\left[1 - \frac{2.34E_{2B}\cos\beta + I_d\left(\frac{3X_B}{\pi} + 2R_B + 2R_D + R_d\right) + 2\Delta U_\beta + 2\Delta U_d}{2.34E_{2D} - I_d\left(\frac{3X_D}{\pi}\right)}\right] \tag{8-3}$$

可见，只要改变逆变角 β 的大小就可以实现无级调速。为了保证逆变器正常运行，通常 β 在 30°～90°范围内调节。

2. 串级调速系统的主电路

系统的转子整流器 ZPZ 和晶闸管逆变器 KPZ 分别由整流二极管 ZP_1～ZP_6 和晶闸管 KP_1～KP_6 组成，为了减少电枢电流的纹波量并使电流连续，直流侧串入平波电抗器 L_d，逆变变压器 NB 起电动机转子电压与电网电压匹配作用，并使转子电路与交流电网隔离，从而减弱较大容量串级调速系统的逆变器对电网电压波形畸变的影响。

为了使电动机平滑启动，转子回路串接频敏变阻器 R_Q，启动完毕后将 R_Q 短接，电动机即可根据给定信号进行自动调速控制。

在逆变器 KPZ 直、交流侧采用压敏电阻保护，晶闸管元件采用阻容保护和快熔断保护，因而使主电路的工作可靠性大大提高。

3. 串级调速系统的控制电路

为了提高调速精度，防止较大功率负载启动时引起的冲击电流，改善系统抗扰动能力，采用典型的双闭环控制，即电流内环和转速外环，并由微机实现模拟 PI 调节。控制系统框图如图 8-17 所示（以空调风机工作场合为例）。

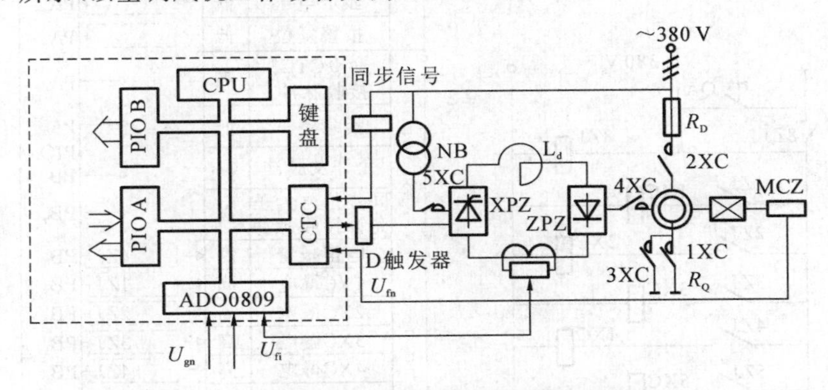

图 8-17　串级调速系统微机控制系统框图

速度给定电压 $U_{gn}=U_T-U_{TO}$，U_{TO} 为设定电压，即空调风机工作场合要求的环境温度所对应的电压，U_T 为工作场合的实际温度所对应的电压，通常采用热敏电阻器组成的温度-电压转换电路来实现温度-电压转换，温度越高，其输出的电压也越大。

当环境温度升高时，U_T 值增大，给定电压 U_{gn} 上升，通过调节环节改变逆变角 β，使电动机转速上升，当环境温度逐步降低到对应的 U_T 与 U_{TO} 相等时，空调风机稳定运行。

为了提高速度反馈精度，将与空调风机电动机同轴连接的脉冲发生器 MCZ 所反映的转速数字脉冲信号输入微机，实现速度反馈。

电动机要求的工况有启动、串调运行、异步运行以及停机等，利用微机 PIO A 端口，通过按钮发出工况指令，微机系统就自动执行工况的变换。电动机在不同的工况下，接触器动作顺序也不相同。例如，电动机启动时动作顺序为：1XC 闭合→2XC 闭合→转速达 70%额定转速时，3XC 闭合→1XC 断开。启动后投入串调运行时的动作顺序为：5XC 闭合→4XC 闭合→3XC 断开。停机时的动作顺序为：1XC 闭合→2XC 断开→（延时）3XC 闭合→（延时）3XC 断开。接触器控制电路如图 8-18 所示，图中启动按钮 QA 与微机系统的复位按钮 RESET 联动，DD 为故障报警用的电笛。接触器控制信号由微机 PIO B 端口输出，为了加强抗干扰能力采用光电隔离，如图 8-18 所示。

4. 应用说明

异步电动机的串级调速实质上就是利用附加电动势来控制异步电动机转差功率，而实现调速的，属于转差功率回馈型的调速系统。风机、泵类负载采用晶闸管串级调速，不但可以改善调速的特性，而且具有明显的节能效果。

根据负载对静、动态调速性能要求的不同，串级调速可以采用开环控制和闭环控制系统。由于串级调速系统的静态特性中静差率较大，通常开环系统只能用于对调速精度要求不高、调速范围不大的场合。为了提高静态调速精度并得到较好的动态特性，与直流调速系统一样，可以采用反馈控制。通常采用转速和电流双闭环串级调速系统。

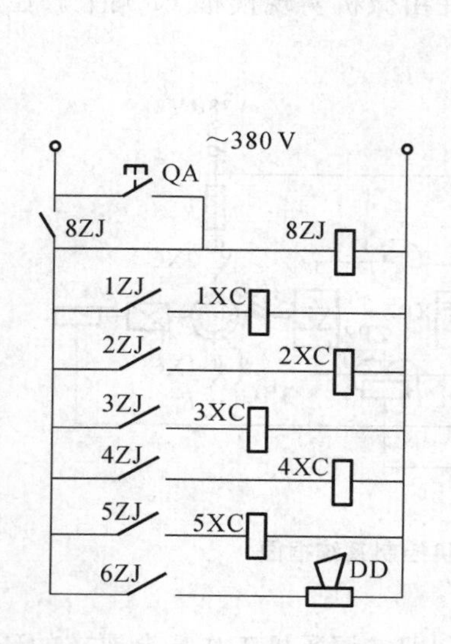

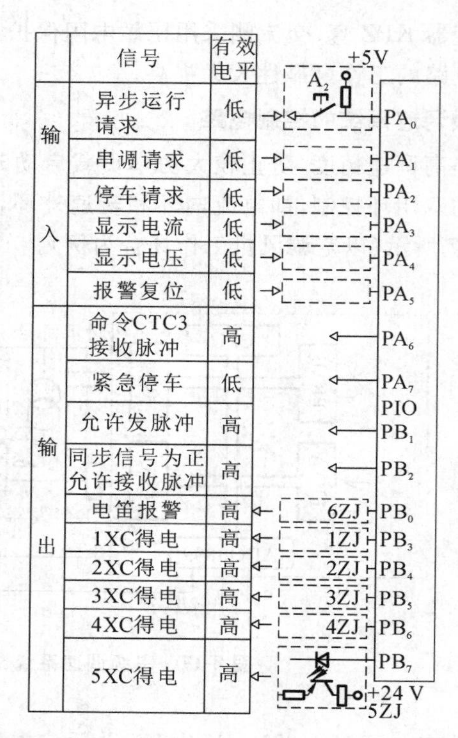

图 8-18　接触器控制电路

为了进一步提高串级调速系统的性能，实现宽调和精调，扩大应用范围，可以利用微机实现的闭环调速系统，借以调节空调风机的风量。系统具有模拟 PI 运算，采集并显示电压、电流和速度，自动执行各运行状态的转换，实现过电流、过电压和欠电压的保护，以及故障报警等功能。

8.5　单片机控制的 PWM 变频调速系统

1. 变频调速系统组成

变频调速系统主电路采用交-直-交电压型大功率全控型电力电子器件绝缘门极双极性晶体管(IGBT)桥式逆变电路，如图 8-19 所示。

控制电路采用脉宽调制(PWM)技术和单片微机控制技术，大规模集成电路 SPWM 芯片内由硬件产生按正弦分布的 PWM 脉冲，改变输入脉冲的频率即可有效控制逆变器输出交流电压的频率和有效值。SPWM 芯片集成度高、功能全、可靠性高，其性能优于使用计算机查表法或实时计算法。采用的单片机为准 16 位机，由于采用 8 位总线结构，对外围电路要求低。单片机有 232 个可作累加器的片内寄存器、硬件乘法器和除法器，4 路带采样保持的 10 位 A/D 通道和 1 路 D/A 通道，2 个 16 位的硬件定时器和 4 个 16 位的软件定时器，可编程的 8 级优先权中断系统，8 位高速输入输出口(I/O)和全双工串行口及 8 位、16 位和 32 位内容丰富的指令系统。由于片内集中了一般控制所需基本电路，在相同功能要求下，可使外围电路减少。单片机芯片的 16 位运算指令既加快了运算速度，又提高了运算的精度，其 8 级优先权中断结构以及丰富的指令使软件编程较为容易，因而该单片机适用于变频调速的实时控制系统，整个系统结构框图如图 8-20 所示。

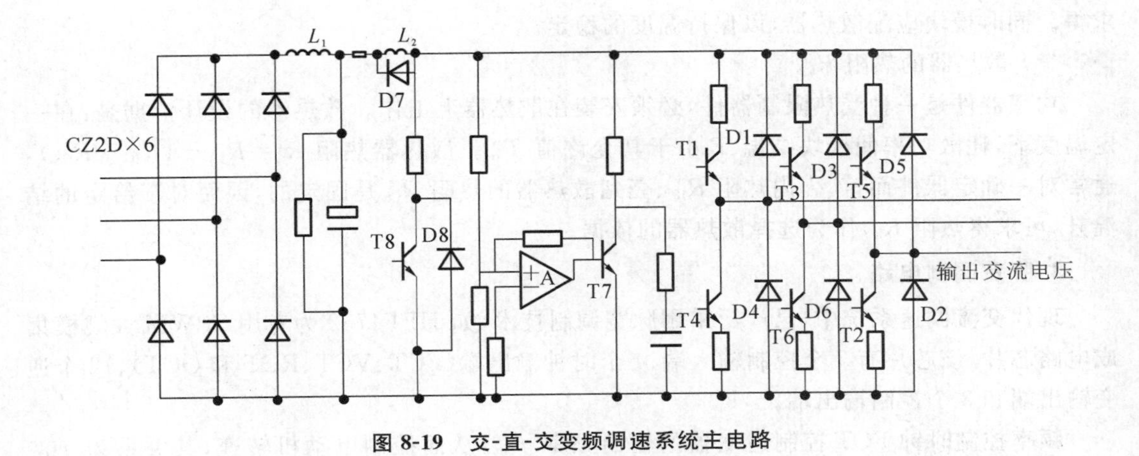

图 8-19　交-直-交变频调速系统主电路

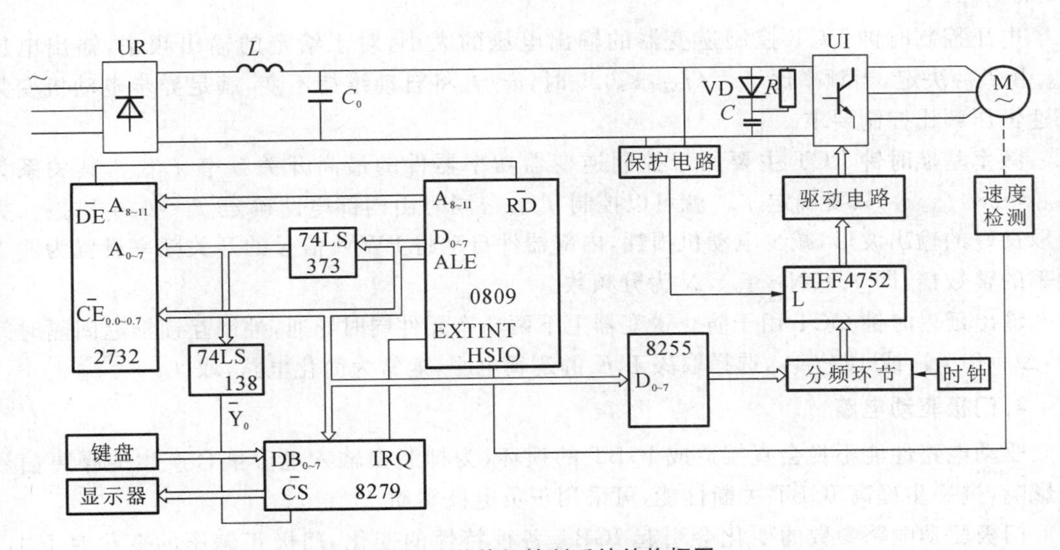

图 8-20　单片机控制系统结构框图

2. 系统主电路

系统主电路中三相交流电源经全波整流(UR)、滤波,为逆变器(UI)提供一个稳定、可靠的大容量直流电源,然后由 IGBT 按脉宽调制方式,将直流电逆变成可变频率和电压的交流电,供电动机变速用。由于 IGBT 集 GTR 和 MOSFET 的优点于一体,可用电平信号直接驱动控制,并具有输入阻抗高、开关速度快、损耗小、极限工作温度高、电流容量大、耐压等级高、工作稳定性强、噪声低等特点,正日益广泛应用于变频电源、斩波器及交、直流调速系统中。IGBT 模块主要参数要求如下。

(1) 额定电压 V_{ce}。

在感性负载下,器件高速通断时将在电路中产生尖峰电压 $L\mathrm{d}i/\mathrm{d}t$,该电压可达数倍的额定值,会造成电压击穿损坏,因而在大电感负载下,不宜使器件开关速度过快,且应配吸收电路,通常在选用额定值时要有数倍安全裕量,一般取 2 到 3 倍。

(2) 额定电流 I_c。

器件标定的额定电流是在模块壳温度为 25 ℃、结温为 150 ℃时的设定值。在实际环境温度升高时,允许通过模块的直流电流 $I_D = k_T \cdot I_c$,k_T 为温度变化修正系数,可参查曲线球求得。同时模块应配散热器，以保持温度的稳定。

(3) 散热器的热阻 R_s。

功率器件是一种受热限制器件，必须安装在散热器上工作。散热器的设计依据是：在一定温度下，耗散功率使模块结温 T_j 小于其允许值 T_{jm}。散热器热阻 $R_s = R_{JA} - (R_{JC} + R_{CS})$，通常对一确定器件而言，壳内热阻 R_{JC}、壳到散热器的热阻 R_{CS} 是固定的，因而对于给定的结温升，可求得热阻 R_s，作为选择散热器的依据。

3. 脉宽调制电路

现代交流调速系统中，已广泛采用脉宽调制技术，如 HEF4752 为专用 SPWM 大规模集成电路芯片，该芯片有 7 个控制输入端、4 个时钟输出端(FCT、VCT、RCT 和 OCT)、12 个逆变输出端和 3 个控制输出端。

频率控制时钟 FCT 控制逆变器的输出频率 f_{out}，从而控制电动机转速，其关系为 $f_{FCT} = 3360 f_{out}$。

电压控制时钟 VCT 控制逆变器的输出电压的大小，对于给定的输出频率，输出电压 V_{out} 由 f_{VCT} 决定，当频率比 $f_{FCT}/f_{VCT} \leqslant 0.5$ 时，u_1/f_1 将自动维持不变，满足异步电动机变频调速恒压频比控制要求。

频率基准时钟 RCT 主要用于控制逆变器功率器件的最高开关频率 $f_{s(max)}$，其关系为 $f_{RCT} = 280 f_{s(max)}$，只要确定 f_{RCT} 就可以控制 $f_{s(max)}$，同时由内部电路确定 $f_s = 0.6 f_{s(max)}$。为获取良好的输出波形，减少电动机损耗，内部器件自动将 PWM 信号的开关频率设置为输出频率的整数倍，即 $f_s = N \cdot f_{out}$，N 为分频数。

输出延迟时钟 OCT 用于防止逆变器上下两功率元件同时导通，控制互锁推迟间隔时间 Δt，$\Delta t = 8/f_{OCT}$ 或 $16/f_{OCT}$，选择取决于 K 的逻辑电平，通常为简化电路，取 $f_{OCT} = f_{RCT}$。

4. 门极驱动电路

驱动电路性能不良会直接造成 IGBT 的损坏，为抑制由输入电容耦合产生的噪声信号的影响，进一步提高 IGBT 关断性能，可采用正负电极驱动。

门极驱动电路参数的变化会引起 IGBT 各种特性的变化，门极正偏压的变化对 IGBT 的开通特性、负载短路能力和 dV_{CE}/dt 电流有较大影响；而门极负偏压则对关断特性影响较小。驱动电路选择时应注意误触发问题，同时为提高门极抗干扰能力，采用光电耦合器件使信号电路与驱动电路隔离。

门极驱动正偏压 V_{GE} 高使开通速度快、损耗小，但 V_{GE} 高，负载短路时流过器件的电流 I_O 也大，同时门极驱动电流 I_G 也增大，实际应用时要折中考虑，不能超过 20 V。门极所加反向负偏压 V_{GE} 有利于快速关断，但反向电压不能超过门极最大耐压(击穿电压)，一般取 -2 V 至 -10 V 为宜。

5. 保护电路

1) 过压保护

主电路中存在着电感，当 IGBT 在高速开关状态工作时，将在电路中产生过电压，危及元件的安全，为此主电路中应尽量减少杂散电感，同时在主电路中应设置吸收电路来抑制过电压的产生。

2) 过流保护

IGBT 的误开通、主电路短路、电动机过载均会产生过电流，甚至引起 IGBT 损坏，为有效快速切除过电流，要求电流检测信号快速传递到驱动单元，立即切断 IGBT。电路设置直流侧电流采样，模拟信号经 A/D 转换后，送至 SPWM 芯片 L 端，使系统停止工作，从而切除过电流。

6. 应用说明

交流变频调速主电路分为直接变频(交-交变频)和间接变频(交-直-交变频)，直接变频电路结构相对简单，但是频率调节范围小，应用有局限性。间接变频中间增加了一个直流环节，电路结构相对复杂，由于直流逆变成交流的频率由器件的控制电路决定，因此频率调节范围大。

交流变频调速因具有调速范围广、稳定性好、效率高等特点，日益广泛地应用于现代制造、交通、物流、建筑、新能源及家用电器中。

参考文献

[1] 阮毅,杨影,陈伯时.电力拖动自动控制系统——运动控制系统[M].5版.北京:机械工业出版社,2016.
[2] 王兆安,刘进军.电力电子技术[M].5版.北京:机械工业出版社,2013.
[3] 陈媛.电机与拖动基础[M].武汉:华中科技大学出版社,2015.
[4] 陈媛.电力电子技术[M].武汉:华中科技大学出版社,2016.
[5] 李宁,白晶,陈桂.电力拖动与运动控制系统[M].北京:高等教育出版社,2009.
[6] 何建平,陆治国.电气传动[M].重庆:重庆大学出版社,2002.
[7] 王君艳.交流调速[M].北京:高等教育出版社,2003.
[8] 班华,李长友.运动控制系统[M].北京:电子工业出版社,2012.
[9] 孔凡才.自动控制系统及应用[M].北京:机械工业出版社,1994.
[10] 汤天浩.电力传动控制系统——运动控制系统[M].北京:机械工业出版社,2010.
[11] 钱平.交直流调速控制系统[M].2版.北京:高等教育出版社,2005.
[12] 林忠岳.现代电力电子应用技术[M].北京:科学出版社,2007.
[13] 顾绳谷.电机及拖动基础[M].4版.北京:机械工业出版社,2007.
[14] 李华德.电力拖动控制系统(运动控制系统)[M].北京:电子工业出版社,2006.
[15] 杨耕,罗应立,等.电机与运动控制系统[M].北京:清华大学出版社,2006.
[16] 徐科军.电气测试技术[M].2版.北京:电子工业出版社,2008.
[17] 张兴,张崇巍.PWM整流器及其控制[M].北京:机械工业出版社,2012.
[18] 阮毅,陈维钧.运动控制系统[M].北京:清华大学出版社,2006.
[19] 尚丽.运动控制系统[M].西安:西安电子科技大学出版社,2009.
[20] 冯晓云.电力牵引交流传动及其控制系统[M].北京:高等教育出版社,2009.
[21] 陈国呈.PWM逆变技术及应用[M].北京:中国电力出版社,2007.
[22] 胡崇岳.现代交流调速技术[M].北京:机械工业出版社,1998.
[23] 李永东.交流电机数字控制系统[M].北京:机械工业出版社,2002.
[24] 李华德.交流调速控制系统[M].北京:电子工业出版社,2003.
[25] 冒天诚.船舶电力拖动自动控制系统[M].北京:人民交通出版社,1981.
[26] 李宏,王崇武.现代电力电子技术基础[M].北京:机械工业出版社,2009.
[27] 陈坚,康勇.电力电子学——电力电子变换和控制技术[M].北京:高等教育出版社,2002.
[28] 李荣生.电气传动控制系统设计指导[M].北京:机械工业出版社,2015.
[29] 尔桂花,窦曰轩.运动控制系统[M].北京:清华大学出版社,2002.
[30] 侯崇升.现代调速控制系统[M].北京:机械工业出版社,2014.
[31] 陈三宝.空调风机可控硅串级调速的微机控制[J].建筑电气,1990(2):27-32.
[32] 何耀三,唐卓尧,林景栋.电气传动的微机控制[M].重庆:重庆大学出版社,1997.
[33] 陈三宝,熊红松.8098单片机控制的PWM变频调速系统研究[J].武汉交通科技大学学报,1999(3):274-278.
[34] 陈三宝.装卸机械调速及其速度自适应控制[J].港口装卸,1998(4):1-6.

[35] 谭建成.电机控制专用集成电路[M].北京:机械工业出版社,1997.
[36] 马小亮.大功率交-交变频调速及矢量控制技术[M].北京:机械工业出版社,1996.
[37] 吕春宇,战喜刚,赵世宽.基于DSP的永磁同步电机矢量控制器设计[J].变频器世界,2016(7):58-63.